改訂
増補

小学校
6年間の
算数が
面白いほど解ける
65のルール

間地秀三 [著]
Shuzo Maji

JN248225

はじめに

● 改訂増補版です

本書は 2011 年に出版された『小学 6 年分の算数が面白いほど解ける 65 の
ルール』の 2020 年度からの新指導要領にもとづく、改訂増補版です。前回の内
容を見直し、問題数も増やしました。

● 学校の算数から中学入試の定番まで

この本には小学校で習う、いわゆる学校の算数からつるかめ算、ニュートン算、
差集め算……と中学入試の定番まで、幅広く取り上げています。多くの皆様が小
学校の算数の内容ととらえているものが、ほとんど入っています。

● つかめた、そしてコツがわかった

本書にチャレンジした皆様は「面白かった、よくわかった」という他書でも得
られる同様の感想のほかにつかめた、コツがわかったという実感が得られると思
います。実はこのことこそ、本書のねらいです

● ひらめきは 90％不要です

算数、そしてその後につづく数学はクイズではありません。よく「算数や数学
ができるためには〈ひらめきが要りますか？〉」という質問を受けることがありま
すが、その答えは〈ひらめきはほとんど必要ありません〉です。

もしひらめき（＝柔軟な思考）が必要なら、数学の先生は若いうちしかできま
せん。

彼らは皆、ただ算数や数学の内容をつかんでいる、言葉をかえれば、ツボを押
さえているのです。

●「文系頭」はがんばる割に成果が出ない「理系頭」はそんなにやらなくてもできる、この違いは？

もう少し説明しましょう。中学時代、数学がよく出来て、よく勉強していた生徒さんが高校に行くと、勉強してもできなくなる。反対に、そんなに勉強しないのに、数学の成績がいい生徒さんもたまにいる。こんな経験はありませんか？

これこそが、算数や数学の特徴です。内容をつかんでポイントを押さえておけば、あとは類題ですから簡単に解けます。これが「理系頭」です。コツだけを頭でしっかり整理して問題が出たらそれを使って攻めまくる。そうすれば簡単にできてしまいます。

反対に、内容がつかめていないと応用がききませんから、覚えた問題がズバリ出題されないと解けません。これが文系頭だとされます。

●小学生から「理系頭」のやり方を身につけましょう

小学校では、問題の数が限られているので、がむしゃらに勉強時間さえ増やせばなんとかなります。ただ中学から高校へ進むにつれて、だんだんこのやり方は通用しなくなります。ですから、小学校の算数の段階からコツをつかんで、それを使って問題（類題）を解くことで「覚えるのは解き方のコツだけ、これさえあればどんな問題でもなんとかできる」というスタンスを身につけることをおすすめします。

●本書でワンランクアップ

本書は「ルール＋攻め方＝解き方のコツ」を集めたものです。解き方のコツを65個身につけていただくと、それだけで広い範囲の類題がいとも簡単にとけてしまいます。そうすると、

なんとなくわかっていたレベルのみなさんは「たしかにわかった」というレベルに、応用力が不足していたレベルのみなさんは、「これからはできる」というレベルになれます。

昔、数学がいまひとつつかめなかった大人の方は「やり方さえよければわかったのにと」思っていただけるレベルになれます。自分の算数力がワンランクアップしたと実感していただけるはずです。

　そして、算数で伸び悩んでいるお子さんをお持ちの方は、こっそり解き方のルールを覚えてお子さんに教えてあげてください。すぐに笑顔が見られるでしょう。

　何においてもそうですが「算数はできると楽しい」といわれます。これは本当です。読者の皆様が本書の解き方のコツによって、その楽しさを知る人の仲間入りをしてくださったなら、著者としてこれほどの喜びはございません。

間地　秀三

はじめに

第1章 計算が速くてうまくなる 解き方のルール

ルール 1 14
かけ算とわり算は面積図を使う

ルール 2 16
たし算とひき算は線分図を使う

ルール 3 18
方程式は線分図と面積図を組み合わせる

ルール 4 20
$\square \times \triangle + \square \times \bigcirc = \square \times (\triangle + \bigcirc)$
$\square \times \triangle - \square \times \bigcirc = \square \times (\triangle - \bigcirc)$

ルール 5 22
約数は両側からかきあげる

ルール 6 24
公約数は小さい数でチェックする

ルール 7 26
公倍数は大きい数でチェックする

ルール 8 28
がい数はひとつ下の位を四捨五入する

ルール 9 30
がい算は、がい数にしてから行う

ルール 10 32
小数 → 分数は、整数÷(10?　100?……)を考える

ルール 11 34
小数と分数がまざった計算では小数を分数に変える

ルール 12 36
小数のかけ算は小数点より下のけた数の和を見る

ルール 13 38

小数でわる計算ではわる数を整数に変える

ルール 14 41

単位の換算は機械的にかけるかわる

ルール 15 43

複雑な換算は２段階・３段階で行う

第2章 | 速さ・時間・道のりの応用問題が
簡単にできる解き方のルール

ルール 16 46

速さ・時間・道のりは　$\dfrac{道のり}{速さ \mid 時間}$　を使う

ルール 17 48

速さの変換は、道のり → 時間と２段階で行う

ルール 18 50

追いつくまでの時間は速さの差に着目

ルール 19 52

出会うまでの時間は速さの和に着目

ルール 20 54

時計は１分間に長針６度、短針０.５度

ルール 21 56

通過算は運転手で距離をつかむ

ルール 22 59

流水算の上りの速さ＝船－川
　　　　下りの速さ＝船＋川

第 **3** 章 | 割合と比が得意分野になる
解き方のルール

ルール **23** 62
比べる量÷もとにする量＝割合
「～は」が比べる量

ルール **24** 65
比べる量ともとにする量は面積図で計算

ルール **25** 67
小数 → ％は×100　 ％ → 小数は÷100

ルール **26** 70
食塩水の濃度は子ども（塩）と大人（水）のグループで考える

ルール **27** 73
かけるとわるで比を簡単にする

ルール **28** 76
Ａ：Ｂ の比の値は $\frac{A}{B}$

ルール **29** 78
比の式は内項の積＝外項の積で解く

ルール **30** 80
比例配分は線分図で考える

第 **4** 章 | 文章題がツボにはまってスラスラわかる
解き方のルール

ルール **31** 84
和差算は２本線分図をかく

ルール **32** 86
集合算はベン図をかく

ルール **33** 88
ニュートン算は出る量－入る量＝へる量

ルール **34** 91

つるかめ算は面積図を横に並べる

ルール **35** 94

差集め算・過不足算は面積図を縦に並べる

ルール **36** 98

仕事算では全体の仕事量を1とする

ルール **37** 101

最頻値(モード)はいちばん多いところ
中央値(メジアン)はまん中

ルール **38** 104

消去算は一方をそろえる

第**5**章 | 平面図形がよくわかる 解き方のルール

ルール **39** 108

三角形の内角の和は180°

ルール **40** 110

三角形の外角は隣にない2内角の和

ルール **41** 112

N角形の内角の和は180°×(N-2)

ルール **42** 114

外角の和は360°

ルール **43** 116

長方形の面積=縦×横
平行四辺形の面積=底辺×高さ
台形の面積=(上底+下底)×高さ÷2

ルール **44** 118

三角形の面積=底辺×高さ÷2

ルール **45** 120

円の面積=半径×半径×円周率
円周=直径×円周率
円周率=3.14

ルール **46** ……………………………………………………………………122

おうぎ形の面積＝円の面積× $\dfrac{中心角}{360°}$

弧の長さ＝円周の長さ× $\dfrac{中心角}{360°}$

ルール **47** ……………………………………………………………………124

複雑な図形の面積はいくつかに分けるか、
全体から一部をひく

ルール **48** ……………………………………………………………………126

三角形の合同条件は
① ３辺がそれぞれ等しい
② ２辺とその間の角がそれぞれ等しい
③ １辺とその両端の角がそれぞれ等しい

ルール **49** ……………………………………………………………………128

拡大図と縮図の性質
① 対応する角の大きさはそれぞれ等しい
② 対応する辺の長さの比はすべて等しい
③ 相似比a：b ⇔ 面積比a×a：b×b

ルール **50** ……………………………………………………………………131

三角形の高さが共通なら
面積比は底辺の長さの比

ルール **51** ……………………………………………………………………133

Ｎ角形の対角線の数は(Ｎ－３)×Ｎ÷２

第**6**章 ┃ 立体図形に強くなる
解き方のルール

ルール **52** ……………………………………………………………………136

角柱・円柱の体積＝底面積×高さ

ルール **53** ……………………………………………………………………138

角柱・円柱の表面積＝底面積×２＋側面積

ルール **54** ……………………………………………………………………140

角すい・円すいの体積＝底面積×高さ× $\dfrac{1}{3}$

ルール **55** ……………………………………………………………………142

角すい・円すいの表面積＝底面積＋側面積

ルール **56** 144

円すいの応用問題は
側面の弧＝底面の円周で解く

ルール **57** 147

複雑な立体の体積はいくつかに分けるか、
全体から一部をひく

第 **7** 章 ともなって変わる量がいとも簡単に できてしまう解き方のルール

ルール **58** 152

x と y が比例するとき　$y = a \times x$

ルール **59** 154

x と y が反比例するとき　$y = a \div x$

ルール **60** 156

グラフは点でかく、点で読む

ルール **61** 158

歯車では歯数×回転数が等しい

第 **8** 章 場合の数を迷わず正確に求める 解き方のルール

ルール **62** 162

並べ方は樹形図をかいて考える

ルール **63** 165

たくさん選ぶ場合は選ばれないほうを考えてみる

ルール **64** 167

Ｎチームの総あたり戦の試合数はＮ×（Ｎ－１）÷２

ルール **65** 169

Ｎチームの勝ち抜き戦の試合数はＮ－１

第1章

計算が速くてうまくなる
解き方のルール

かけ算とわり算は面積図を使う

 まずは解説をしっかり読もう！

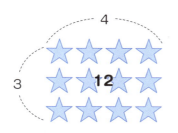

かけ算とわり算は面積図を使う。これがポイントです。
たとえば、3 × 4 = 12 の面積図をかきます。

この図から、
かけ算 3 × 4 = 12 と
わり算 12 ÷ 3 = 4 12 ÷ 4 = 3 が同時にわかります。
面積図をかけば、かけ算または、わり算で表された**式が簡単に解けますし**、かけ算またはわり算で表された**公式**（たとえば、割合の公式・食塩水の公式・速さの公式など）**が簡単に変形できます**。

以下、例題と練習で慣れましょう。

 3 × □ = 15 の□の中に入る数字を求めてください。

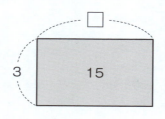

面積図をかきます。

面積図より　□ = 15 ÷ 3 = 5

説明のポイント

かけ算と割り算の方程式が、面積図を使うといとも簡単にとけてしまいます

比べる量 ÷ もとにする量 ＝ 割合　より
比べる量を求める式（比べる量＝……）と
もとにする量を求める式（もとにする量＝……）を作ってください。

 比べる量 ÷ もとにする量 ＝ 割合　の面積図をかきます。

面積図より　比べる量＝もとにする量×割合
　　　　　　もとにする量＝比べる量÷割合　です。

 実践!

1 x を求めてください。
　① $x \times 7 = 42$　　② $306 \div x = 18$　　③ $x \div 23 = 15$

memo

2 合計÷個数＝平均　という式から、個数を求める式（個数＝……）と、合計を求める式（合計＝……）を作ってください。

memo

答えは172ページ！

たし算とひき算は線分図を使う

解説 まずは解説をしっかり読もう！

たし算とひき算は線分図を使う。これがポイントです。

たとえば、5 + 7 = 12 の線分図をかきます。

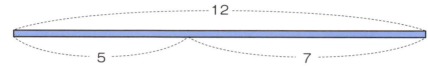

この図から、
たし算　5 + 7 = 12　と
ひき算　12 − 5 = 7　12 − 7 = 5　が同時にわかります。

線分図をかけば、たし算または、ひき算で表された式が簡単に解けますし、たし算または、ひき算で表された式（たとえば、利益の式・残高の式など）が簡単に変形できます。

以下、例題と練習で慣れましょう。

 $6 + x = 13$ の x を求めなさい。

 線分図をかきます。

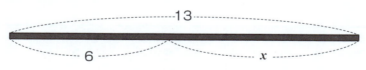

線分図より　$x = 13 - 6 = 7$　です。

 説明のポイント

足し算と引き算の方程式が、線分図を使うといとも簡単にとけてしまいます

例題 利益＝売値－原価 より
売値を求める式（売値＝……）と
原価を求める式（原価＝……）を作ってください。

利益＝売値－原価 の線分図をかきます。

線分図より 売値＝原価＋利益
原価＝売値－利益 です。

 練習問題 実践！

1 x を求めてください。
① $x + 7 = 42$ ② $106 - x = 43$ ③ $x - 23 = 98$

memo

2 利益＝売値－原価より 売値を求める式（売値＝……）と原価を求める式（原価＝……）を作ってください。
そして、これらの式を使って下の表の空欄をうめてください。

科　目	売　値	原　価	利　益
ハンカチ	780	540	
ティッシュ	450		123
電　池		1245	78

memo

答えは172ページ！

17

方程式は線分図と面積図を組み合わせる

 まずは解説をしっかり読もう！

かけ算とわり算は面積図を使う（ルール1）
たし算とひき算は線分図を使う（ルール2）
そして、少し複雑な方程式（xをふくむ式）は線分図と面積図を組み合わせる。これがポイントです。

以下、例題と練習で慣れましょう。

 $4 \times x + 8 = 44$ を解いてください。

まず線分図をかきます。

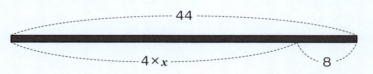

図より $4 \times x = 44 - 8 = 36$

次に面積図をかきます。

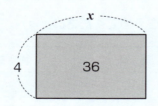

図より $x = 36 \div 4 = 9$ です。

答 $x = 9$

・☀・ 説明のポイント

複雑な方程式も、面積図と線分図を使える方から使えばいとも簡単にとけてしまいます

1 $85 - 12 \times x = 1$ を下図に必要なことをかき入れて解いてください。

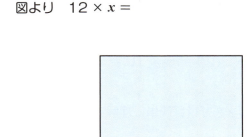

図より　$12 \times x =$

図より　$x =$

memo

---

2 桃8個と1個800円のメロン5個を買って5120円払いました。桃1個の値段はいくらでしょうか。
桃1個をx円として、式をつくって解いてください。

memo

---

3 280個のチョコレートを1人に5個ずつ生徒に配ったところ、35個余りました。生徒は何人いたのでしょうか。
生徒をx人として、式をつくって解いてください。

memo

答えは173ページ！

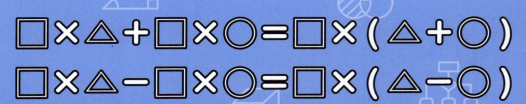

解説 まずは解説をしっかり読もう！

たとえば、

$4 × 46 + 4 × 54 = 4 × (46 + 54) = 4 × 100 = 400$

$5 × 12 - 5 × 2 = 5 × (12 - 2) = 5 × 10 = 50$

のように計算します。

このやり方が正しいことは、面積図をかけば簡単に理解できます。

$4 × 46 + 4 × 54 = 4 × (46 + 54) = 4 × 100 = 400$

$5 × 12 - 5 × 2 = 5 × (12 - 2) = 5 × 10 = 50$

□ × △ + □ × ○ = □ × (△ + ○) と

□ × △ - □ × ○ = □ × (△ - ○) が正しいことはわかりました。

□ △ ○ は中学になると文字で表します。

たとえば、□ → m　△ → a　○ → b　とすると、

$m × a + m × b = m × (a + b)$

これは、共通因数でくくる「因数分解」です。

説明のポイント

「分配法則」も共通因数でくくる「因数分解」も、面積図なら簡単に理解できます

反対に

$m×(\boxed{a}+\boxed{b})=m×\boxed{a}+m×\boxed{b}$

これは「分配法則」といいます。

このように、このルールは中学数学に直結します。

面積図で理解しておけば、中学数学でやる「分配法則」も共通因数でくくる「因数分解」も楽勝です。

以下、例題と練習で慣れましょう。

次の計算をしてください。
① 6 × 45 + 6 × 55　　② 1.2 × 2.5 + 1.2 × 7.5
③ 25 × 2.7 + 25 × 0.3　　④ 16 × 34 − 16 × 24

① 6 × 45 + 6 × 55 = 6 × (45 + 55)
　　　　　　　　　　= 6 × 100 = 600

② 1.2 × 2.5 + 1.2 × 7.5 = 1.2 × (2.5 + 7.5)
　　　　　　　　　　　　= 1.2 × 10 = 12

③ 25 × 2.7 + 25 × 0.3 = 25 × (2.7 + 0.3)
　　　　　　　　　　　= 25 × 3 = 75

④ 16 × 34 − 16 × 24 = 16 × (34 − 24)
　　　　　　　　　　= 16 × 10 = 160

次の計算をしてください。
① 23 × 40 − 3 × 40　　　　③ 25 × 1.23 + 75 × 1.23

② 8.2 × 15 − 2.2 × 15　　　④ 8.4 × 20 − 4.4 × 20

答えは174ページ！

約数は両側から かきあげる

解説 まずは解説をしっかり読もう！

まず約数とはどんな数か説明します。

たとえば 10 の約数は、1，2，5，10 のように 10 をわり切ることができる整数です。5 の約数なら 5 をわり切ることができる整数、15 の約数なら 15 をわり切ることができる整数です。

約数をかきあげるコツは両側からかいていくことです。

たとえば、36 の約数なら 36 ÷ 1 = 36 ですから、1 は 36 の約数です。

同時に 36 ÷ 36 = 1 ですから 36 も約数になります。

そこで (1,　　　　　　　36) のようにかきます。

次に、36 ÷ 2 = 18 だから
　　　(1, 2　　　　　　18, 36) 同様に
36 ÷ 3 = 12　　36 ÷ 4 = 9 だから
　　　(1, 2, 3, 4, 9, 12, 18, 36)
そして、36 ÷ 6 = 6 だから
　　　(1, 2, 3, 4, 6, 9, 12, 18, 36)

このように、両側からかいていくと簡単に速くかきあげることができます。

以下、例題と練習で慣れましょう。

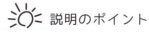 説明のポイント

大きな数でも約数を両側からかいていくと、半分の時間でかきあげられます

例題　次の数の約数を全部書いてください
① 15の約数　　②8の約数　　③45の約数
④24の約数　　⑤64の約数　　⑥81の約数

答
① (1, 3, 5, 15)　　　　　　② (1, 2, 4, 8)
③ (1, 3, 5, 9, 15, 45)　　　④ (1, 2, 3, 4, 6, 8, 12, 24)
⑤ (1, 2, 4, 8, 16, 32, 64)　⑥ (1, 3, 9, 27, 81)

 練習問題　 実践！

次の数の約数の個数を答えてください。
① 30　　② 72　　③ 48　　④ 192

memo

答えは175ページ！

発展問題

例題

次の数の約数の個数と約数の和を求めてください
① 27　　② 42　　③ 54

答え

①約数は (1, 3, 9, 27) だから約数の個数は4
　約数の和は 1 + 3 + 9 + 27 = 40

② 約数は (1, 2, 3, 6, 7, 14, 21, 42) だから約数の数は8
　約数の和は 1 + 2 + 3 + 6 + 7 + 14 + 21 + 42 = 96

③約数は (1, 2, 3, 6, 9, 18, 27, 54) だから約数の数は8
　約数の和は 1 + 2 + 3 + 6 + 9 + 18 + 27 + 54 = 120

第1章　計算が速くてうまくなる　解き方のルール

公約数は小さい数でチェックする

解説

まずは解説をしっかり読もう！

まず公約数とはどんな数か説明します。
例として 6 と 24 の公約数を考えましょう。
6 の約数は　1　2　3　6
24 の約数は　1　2　3　4　6　8　12　24
6 と 24 の公約数は、6 の約数でかつ 24 の約数にもなっている数　1　2　3　6　です。
公約数のうち一番大きい 6 を 最大公約数 といいます。
公約数をかきあげる問題では、小さい数の約数でチェックすると簡単で速くできます。以下、例題と練習で慣れましょう。

例題

15 と 36 の公約数を、すべてあげてください。

答

小さい数 15 の約数でチェックします。
1 ?　3 ?　5 ?　15 ?
1 と 3 であることがわかります。

答　1, 3

※もし大きい数 36 の約数でチェックすると
　1 ?　2 ?　3 ?　4 ?　6 ?　9 ?　12 ?　18 ?　36 ?
　のように、きわめて効率がわるくなります。

説明のポイント

公約数をかきあげるときは、小さい方の約数で調べます

24

 実践！

1 次の（ ）の中の公約数をすべてかきあげてください。
① (6, 63)　　　　② (20, 45)
③ (21, 168)　　　④ (16, 84)
⑤ (4, 12, 36)　　⑥ (9, 54, 105)

memo

2 縦54cm、横90cmの長方形の紙があります。この紙を縦、横ともに余りが出ないように正方形に切り分けます。できるだけ大きな正方形を作るには正方形の1辺を何cmにすればよいでしょうか。

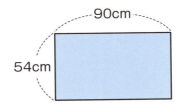

memo

答えは175ページ！

25

公倍数は大きい数でチェックする

解説 まずは解説をしっかり読もう！

公倍数を説明する前に、まず「倍数」とはどんな数かを見てみましょう。
たとえば 5 の倍数は 5 × 1 ＝ 5　5 × 2 ＝ 10　5 × 3 ＝ 15
5 × 4 ＝ 20　5 × 5 ＝ 25　5 × 6 ＝ 30　5 × 7 ＝ 35……
のように 5 ×整数です。同様に 4 の倍数は 4 ×整数、3 の倍数は 3 ×整数です。

次に、公倍数とはどんな数か見てみましょう。
例として 3 と 4 の公倍数を考えましょう。
3 の倍数は 3　6　9　12　15　18　21　24　27　……
4 の倍数は 4　8　12　16　20　24　28　32　……

3 と 4 の公倍数は 3 の倍数で、かつ 4 の倍数にもなっている数 12　24　……です。

公倍数のうち一番小さい　12　を最小公倍数といいます。

公倍数をかきあげる問題では大きい数の倍数でチェックすると簡単で速くできます。
以下、例題と練習で慣れましょう。

 説明のポイント

公倍数をかきあげるときは、大きい方の倍数で調べます

例題 9と5の公倍数を小さいほうから2つあげてください。

答
大きい数9の倍数でチェックします。
9？ 18？ 27？ 36？ 45？ 54？ 63？ 72？ 81？ 90？
より45と90であることがわかります。　　　　　　　　　答　45,90

※小さい数5でチェックすると
5？ 10？ 15？ 20？ 25？ 30？ 35？ 40？ 45？ 50？ 55？ 60？ 65？ 70？ 75？ 80？ 85？ 90？ のようにきわめて効率　がわるくなります。

 練習問題

❶ 次の（　）の中の公倍数を小さいほうから順に3つかいてください。
①（4, 5）　　　②（3, 5, 9）

memo

---

❷ 縦15cm、横12cmの長方形のタイルを同じ向きにならべて正方形を作ります。一番小さい正方形の1辺の長さは何cmでしょうか。またタイルは何枚必要でしょうか。

memo

答えは175ページ！

ルール 8/4 がい数はひとつ下の位を四捨五入する

解説 まずは解説をしっかり読もう！

まず、がい数とはどんな数か説明します。

たとえば財布の中に 16756 円入っているとき、いくら持っているか聞かれたら、17000 円くらいと答えます。

このおよその数を「がい数」といいます。

がい数のつくり方はズバリ「ひとつ下の位を四捨五入」です。

「千の位までのがい数」といわれたら、千の位のひとつ下の百の位を四捨五入します。「上から 2 けたのがい数」といわれたら、上から 2 けたのひとつ下の上から 3 けた目を四捨五入します。

以下、例題と練習で慣れましょう。

例題 以下の数を四捨五入で千の位までのがい数にしてください。
① 3034　② 3334　③ 3534　④ 3834

答 千の位までのがい数にするときは、千の位のひとつ下の百の位を四捨五入します。

3 0 3 4 　0 なので千の位 3 はそのままで 3000
3 3 3 4 　3 なので千の位 3 はそのままで 3000
3 5 3 4 　5 なので千の位 3 を 1 大きくして 4000
3 8 3 4 　8 なので千の位 3 を 1 大きくして 4000

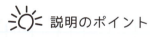 説明のポイント

四捨五入は、百の位の場合だと 1 つ下の十の位で行います。「上から 2 けた」ならばさらに 1 つ下の、上から 3 けた目の数字に着目します

例題 以下の数を四捨五入で上から2けたのがい数にしてください。
① 8931　　② 4567

答 上から2けたのがい数にするときは、
ひとつ下の上から3けた目を四捨五入します。

8 9 3 1　　3 を四捨五入して　8900

4 5 6 7　　6 を四捨五入して　4600　とします。

1 次の数を四捨五入で（　）の位までのがい数にしてください。
① 876（百の位）　900　　② 6798（千の位）　7000
③ 34376（千の位）　34000　④ 67890（一万の位）　70000

memo

2 次の数を四捨五入で上から2けたのがい数にしてください。
① 52876　53000　② 6718　6700
③ 632718　63000　④ 8790990　8800000

memo

3 地球と月との距離は、384403km です。
この距離を四捨五入で上から3けたのがい数で表してください。

memo

384000

答えは176ページ！

がい算は、がい数にしてから行う

  まずは解説をしっかり読もう！

与えられた数字のままでは計算せず、まずがい数にするのが「がい算」です。

  ２つの数 57608 と 26360 をそれぞれ四捨五入し、千の位までのがい数にして和を求めてください。

５７６０８ →百の位 ６ を四捨五入して、58000
２６３６０ →百の位 ３ を四捨五入して、26000
がい数にした２つの数をたして和を求めます。
58000 + 26000 = 84000

　　　　　　　　　　　　　　　　　　　　答　84000

  富士山は 3776m、阿蘇山は 1592m です。
高さの差はどのくらいでしょうか。四捨五入で百の位までのがい数にしてがい算してください。

３７７６ → 十の位 ７ を四捨五入して、3800
１５９２ → 十の位 ９ を四捨五入して、1600
3800 − 1600 = 2200

　　　　　　　　　　　　　　　　　　　　答　2200m

説明のポイント

がい算では、与えられた数字のままでは計算しません。まずがい数にします

1 A社では、ある製品を昨日52329個、今日67809個作りました。昨日と今日で合計約何個作ったでしょうか。それぞれ四捨五入で千の位までのがい数にして、がい算してください。

memo

52000
68000
120000

12000

2 友だちと動物園に行くことになりました。交通費はバス代1580円、入園料560円、乗り物券1430円です。かかる費用はおよそ何円でしょうか。四捨五入で百の位までのがい数にしてがい算してください。

memo

1600
600
1400
3600

3600

答えは176ページ！

ルール
10 小数→分数は、整数÷(10? 100?……)を考える

解説 〜まずは解説をしっかり読もう！

たとえば 0.21 を分数に直すとき
21 ÷ 10 ？　　21 ÷ 100 ？……のどれか考えます。
このしくみがわかるために、÷ 10、÷ 100、÷ 1000……によって位がどう変わるかを見てみましょう。

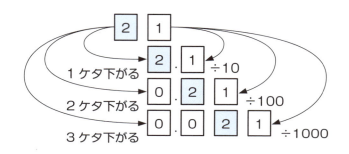

[2][1] を 10 でわると (÷ 10)　[2].[1]
と1けた位が小さくなります。
[2][1] を 100 でわると (÷ 100)　0.[2][1]
と2けた位が小さくなります。

いずれにしろ先頭の数字 (ここでは [2]) に着目すると簡単にわかります。このことがわかれば小数 → 分数は簡単です。
以下、例題と練習で慣れましょう。

☀ 説明のポイント

小数から分数は「整数÷10」「整数÷100」……と順番にチェックしてうまくいく場合を見つけます

例題 0.52 を分数で表してください。

0.52 は、52 ÷ 10 ？　52 ÷ 100 ？　と先頭の数字 5 に着目してみていくと、52 ÷ 100 であることがわかります。そこで

$$0.52 = 52 \div 100 = \frac{52}{100} = \frac{13}{25}$$

です。

 実践！

次の小数を分数で表してください。
① 0.5　② 0.2　③ 0.052　④ 0.65

memo

答えは176ページ！

ルール11 小数と分数がまざった計算では小数を分数に変える

解説 まずは解説をしっかり読もう！

小数→分数　分数→小数ですから、小数と分数がまざった計算では小数を分数に変えても、分数を小数に変えてもいいように思われがちですがそうはいきません。

たとえば　$\frac{1}{2} = 1 \div 2 = 0.5$ ですから

$\frac{1}{2} + 0.7 = 0.5 + 0.7 = 1.2$　と計算できますが

$\frac{1}{3} + 0.7$ の $\frac{1}{3}$ を小数に変えて計算しようとしても

$\frac{1}{3} = 0.333……$とわり切れませんから、うまくいきません。

このように、**分数は小数にうまく直せないことがある**ので、小数と分数がまざった計算では小数を分数に変えます。

とくに、かけ算とわり算では、**小数を分数に変えることで約分が使えると計算が楽になります。**

以下、例題と練習で慣れましょう。

例題　$\frac{1}{3} + 0.6$ を計算してください。

答　$0.6 = 6 \div 10 = \frac{6}{10} = \frac{3}{5}$ だから

$\frac{1}{3} + 0.6 = \frac{1}{3} + \frac{3}{5} = \frac{5}{15} + \frac{9}{15} = \frac{14}{15}$

☀ 説明のポイント

分数は小数にできない場合がありますから、小数と分数がまざった計算では小数を分数に変えます

1 次の計算をしてください。

① $\dfrac{1}{5} + 0.25$　　② $\dfrac{1}{10} + 0.7$　　③ $\dfrac{2}{25} + 0.12$

memo

 $\dfrac{1}{5} \times 0.2 \div 0.3$ を計算してください。

$0.2 = 2 \div 10 = \dfrac{2}{10}$　　　　$0.3 = 3 \div 10 = \dfrac{3}{10}$

また、**わり算は逆数のかけ算にする。**

ここでは $\div \dfrac{③}{⑩} = \times \dfrac{⑩}{③}$ だから

$$\dfrac{1}{5} \times 0.2 \div 0.3 = \dfrac{1}{5} \times \dfrac{2}{10} \div \dfrac{3}{10}$$
$$= \dfrac{1}{5} \times \dfrac{2}{\cancel{10}} \times \dfrac{\cancel{10}}{3} = \dfrac{2}{15}$$

2 次の計算をしてください。

$2.1 \times \dfrac{1}{3} \div 0.7$

memo

答えは176ページ！

35

ルール 12/7

12 小数のかけ算は小数点より下のけた数の和を見る

解説 まずは解説をしっかり読もう！

小数のかけ算の内容は ① 小数×整数 ② 整数×小数 ③ 小数×小数です。次の計算がその一例です。

$$
① \quad
\begin{array}{r}
1.4 \\
\times \quad 6 \\
\hline
\end{array}
\qquad
② \quad
\begin{array}{r}
45 \\
\times 5.4 \\
\hline
\end{array}
\qquad
③ \quad
\begin{array}{r}
7.8 \\
\times 6.9 \\
\hline
\end{array}
$$

いずれもまず整数×整数と思って計算した後で、小数点より下のけた数をかぞえて小数点を打ちます。

そこで、まず**小数点より下のけた数**という意味をつかみましょう。
1. 6 5 では、**小数点より下のけた数　2**
0. 4 5 6 では、**小数点より下のけた数　3**

小数のかけ算では、かけられる数の小数点より下のけた数とかける数の**小数点より下のけた数の和を見ます**。

$$
\begin{array}{r}
1.4 \\
\times \quad 6 \\
\hline
\end{array}
$$
では、小数点より下のけた数は 1. 4 が 1、6 が 0 だから、その和は 1 ＋ 0 ＝ 1 とみます。

$$
\begin{array}{r}
7.8 \\
\times 6.9 \\
\hline
\end{array}
$$
では、小数点より下のけた数は 7. 8 が 1、6. 9 が 1 だから、その和は 1 ＋ 1 ＝ 2 とみます。

この小数点より下のけた数に合わせて、答えの小数点を打ちます。
以下、例題と練習で慣れましょう。

☀ **説明のポイント**

小数のかけ算は、まず整数のつもりで計算します。そのあと小数点より下のけた数の和で小数点を打ちます

1.6×6 を計算してください。

```
   1.6          1.6
 ×   6        ×   6
 ─────        ─────
   9 6          9.6
```
→

まず 16×6 とみて 96 と計算します。

1.6 と 6 の小数点より下のけた数の和を 1 とみて、これに合わせて小数点より下のけた数が 1 になるように 96 に小数点を打ちます。

答 9.6

 2.8×1.3 を計算してください。

```
     2.8            2.8
  ×  1.3         ×  1.3
  ─────          ─────
     8 4            8 4
   2 8            2 8
  ─────          ─────
   3 6 4          3.6 4
```
→

まず 28×13 とみて 364 と計算します。

2.8 と 1.3 の小数点より下のけた数の和を 2 とみて、これに合わせて小数点より下のけた数が 2 になるように 364 に小数点を打ちます。

答 3.64

 練習問題 実践！

次の計算をしてください。

① 2.4 ② 6 6 ③ 7 7 ④ 8.9
 × 3 5   × 4.3   × 2.5   × 2.4

memo

答えは177ページ！

37

ルール 13 小数でわる計算ではわる数を整数に変える

解説　まずは解説をしっかり読もう！

小数でわる計算には、整数÷小数と、小数÷小数の2つの場合があります。ポイントは**わる数の小数を整数に変えることです。そしてこれに合わせてわられる数を調整します。**
以下、例題と練習で慣れましょう。

例題

14 ÷ 0.5 を計算してください。

答

これが、整数÷小数の場合です。
ポイントは**わる数を整数にする**。
それに**合わせてわられる数を大きくすること**です。ここではわる数 0.5 を 10 倍して整数 5 にします。これに合わせて、わられる数 14 も 10 倍して 140 にします。
結局 140 ÷ 5 を計算します。

説明のポイント

小数でわる計算では、たとえばわる数を 10 倍にして整数にした場合、わられる数も 10 倍にします

例題 9.24 ÷ 4.2 を計算してください。

答 これが、小数÷小数の場合です。
わる数 4.2 を 10 倍して 42 にします。
これに合わせて、わられる数 9.24 も 10 倍して 92.4 にします。
結局 92.4 ÷ 42 を計算します。

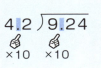

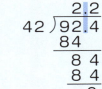

92.4 ÷ 4.2 の計算は 924 ÷ 42 として、商 22 を出します。
次に 92.4 の小数点に合わせて小数点を打って 2.2 とします。

例題 5.35 ÷ 0.6 を計算してください。
ただし、商は整数で求め、余りも出してください。

答 商の求め方はこれまでと同じです。
わる数 0.6 を 10 倍して 6 にします。
これに合わせて、わられる数 5.35 も 10 倍して 53.5 にします。
問題は余りです。**余りの小数点はわられる数のもとの小数点**、ここでは 5.35 の小数点に合わせて打ちます。

53.5 ÷ 6 の計算で商は 8、余りは 5.35 の小数点に合わせるので 0.55 です。

1 （　）をうめてください。

77.5 ÷ 3.1 の計算ではわる数 3.1 を（ア）倍して（イ）という整数にします。これに合わせてわられる数 77.5 も（ウ）倍して（エ）にします。結局（オ）÷（カ）の計算をします。

memo

2 次の計算をしてください。

① 1.7) 7.14　　② 0.4) 3.4

memo

3 次の計算をしてください。
ただし、商は整数で求め、余りも出してください。

① 1.7) 7.64　　② 1.2) 9.36

memo

答えは177ページ！

ルール 14 単位の換算は機械的にかけるかわる

解説

まずは解説をしっかり読もう！

単位の換算とは、たとえば、1kmを1000mに変えることです。

ポイントはkmからmに変えるときは、数字を1→1000に変える。すなわち、kmのときの数値を1000倍（×1000）することです。反対に、mをkmに変えるときには数字を1000→1に変える。すなわち、mのときの数値を1000でわる（÷1000）ことです。**何をかけるか、何でわるか、これだけ着目して機械的に行う。これが換算のコツです。**

機械的にやらない場合には、わかりにくい場合が出てきます。たとえば、9分を「時間」で表す場合、機械的にやらない人の多くが困るはずです。機械的にやる場合は

60分＝1時間ですから、分→時では、60→1
すなわち、分の数字を60でわります。

9分は　$9 \div 60 = \dfrac{9}{60} = \dfrac{3}{20}$ （時間）と簡単にできます。

（÷3、÷3）

以下、例題と練習で慣れましょう。

・・・・・ 説明のポイント ・・・・・

たとえば1m＝100cmなので、mからcmでは数字を100倍、cmからmでは数字を100でわります

1 m ＝ 100cm です。それでは、0.3m は何 cm でしょうか。
また、65cm は何 m でしょうか。

0.3m を cm で表します。
1m ＝ 100cm だから、m → cm のときは 100 をかけます。
0.3 × 100 ＝ 30 (cm) です。

答　30cm

65cm を m で表します。
100cm ＝ 1m だから、cm → m のときは
100 でわります。65 ÷ 100 ＝ 0.65 (m) です。

答　0.65m

（　）をうめてください。
① 1.25km は何 m でしょうか。
1 km ＝ 1000m だから（ア）をかけて
（イ）×（ウ）＝（エ）m

② 125 m は何 km でしょうか。
1000 m ＝ 1 km だから（オ）でわって
（カ）÷（キ）＝（ク）km

memo

答えは178ページ！

ルール 15 複雑な換算は2段階・3段階で行う

解説 まずは解説をしっかり読もう!

複雑な換算とは、たとえば 2.5km を cm に変えるような換算です。
この場合まず、1km = 1000m より、1000 倍して
2.5 × 1000 = 2500 (m) と m 単位にします。
次に、1m = 100cm より、100 倍して
2500 × 100 = 250000 (cm) と cm 単位にします。
このように 2 段階に換算します。

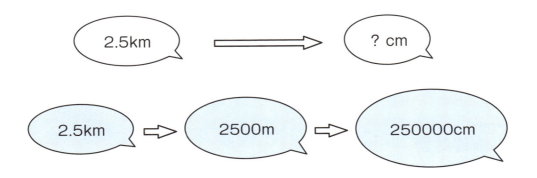

以下、例題と練習で慣れましょう。

説明のポイント

複雑な単位の換算では計算を複数回やります。たとえば m を mm に変える時はまず m を cm、次に cm を mm にします

例題 面積の単位は下図のようになっています。
このとき ① と ② に答えてください。

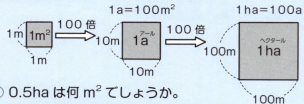

① 0.5ha は何 m² でしょうか。
② 50000 m² は何 ha でしょうか。

答

① 1ha = 100a だから、100 倍して a にします。
0.5 × 100 = 50 (a)
次に 1a = 100 m² だから、100 倍して m² にします。
50 × 100 = 5000 (m²)

答　5000m²

② 100 m² = 1a だから、100 でわって a にします。
50000 ÷ 100 = 500a です。
100a = 1ha だから、100 でわって ha にします。
500 ÷ 100 = 5 (ha)

答　5ha

1 次の ①、② に答えてください。
ただし 1 t（トン）= 1000kg　1 kg = 1000g です。
① 0.7 t は何 g でしょうか。
② 345600g は何 t でしょうか。

memo

2 次の ①、② に答えてください。
① 2400 秒は何時間でしょうか。
② 2 時間 15 分は何秒でしょうか。

memo

答えは178ページ！

第 2 章

速さ・時間・道のりの
応用問題が簡単にできる
解き方のルール

ルール 16 速さ・時間・道のりは を使う

解説　まずは解説をしっかり読もう！

速さ・時間・道のりについては
右の図を覚えて、この使い方に慣れるのがポイントです。
右図は　道のり＝速さ×時間
　　　　速さ＝道のり÷時間
　　　　時間＝道のり÷速さ　を表します。

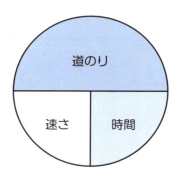

以下、例題と練習で慣れましょう。

例題

山田さんは 3300m を 15 分で走りました。
このとき、山田さんの分速は何 m でしょうか。

答

分速 x m として下図に必要なことをかき込みます。

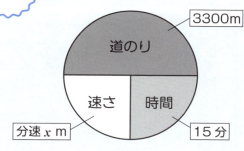
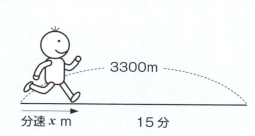

図より、速さ（x）＝道のり÷時間＝ 3300 ÷ 15 ＝ 220　　答　分速 220m

説明のポイント

式を 3 つ覚えるより、1 つの図の方が簡単です、そのつど考えるので応用力がつきます

 実践！

Aさんは875mを分速25mで歩きました。このとき何分かかるでしょうか。

memo

答えは179ページ！

発展問題

例題
田中さんは学校からコンビニまでの200mとコンビニから駅までを分速30mで歩きました。このとき、学校から駅までにかかった時間は15分でした。コンビニから駅までは何mでしょうか。

答え
コンビニから駅までを x m として、下図に必要なことを書き込みます

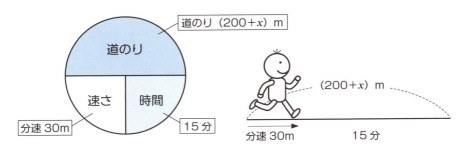

図より、道のり $(200 + x)$ ＝速さ×時間
$\qquad\qquad\qquad = 30 \times 15 = 450$
$x = 450 - 200 = 250$

答　250m

ルール 17

速さの変換は、道のり→時間と2段階で行う

解説

まずは解説をしっかり読もう!

速さは、道のり÷時間ですから、道のりと時間の
組み合わせでいろいろな表し方ができます。

たとえば、時速 3.6km、時速 3600m、分速 0.06km、分速 60m、秒速 0.001km、秒速 1m、これらは見かけは違いますがみな同じ速さです。

ここでは、時速 3.6km を秒速 1m のように時間（時間と秒）と道のり（km と m）の両方が異なる場合の変換を行います。

ポイントは道のり、次に時間と2段階でやることです。そうすればいとも簡単です。

以下、例題と練習で慣れましょう。

⸫⸫⸫⸫ ☼ 説明のポイント ⸫⸫⸫⸫

時速 216km は秒速何 m ですか？そんな複雑な速さの換算はまず「道のり」
次に「時間」をそろえると簡単です

例題 時速72kmは、分速何mですか。

答 まず道のりを考えます。
1km＝1000mだから、72kmは
72×1000＝72000（m）

時速72km＝時速72000m

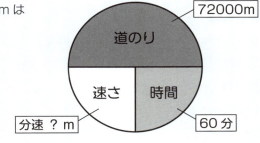

時速72000mは1時間＝60分で72000m
進む速さです。そこで上図より
速さ＝道のり÷時間＝72000÷60＝1200

答　分速1200m

練習問題　実践！

1860mの道のりを時速0.9kmで進むと何分かかるでしょうか。

memo

答えは179ページ！

追いつくまでの時間は速さの差に着目

解説　まずは解説をしっかり読もう！

追いかけたり、出会ったりする問題を旅人算といいます。

ここでは、そのうちの「追いつくまでの時間」の問題を取りあげます。

ポイントは速さの差に着目することです。たとえば、120m先にいるAさん（秒速2m）をBさん（秒速5m）が追いかけるとき、1秒間にその速さの差 5－2＝3（m）ずつ近づきます。

以下、例題と練習で慣れましょう。

例題　1200m先を歩くお兄さんを弟が自転車で追いかけます。お兄さんの速さが分速50m、弟の速さが分速250mのとき、弟が追いつくのに何分かかるでしょうか。

速さの差は、250－50＝200（m）です。
1分間に200mずつ近づくとき、1200m近づく（＝追いつく）時間は、
1200÷200＝6

答　6分

 説明のポイント

前をいく人を追いかける時は、速さの差で近づいて追いつきます

2400m 先を歩く A さんを B さんが走って追いかけます。
A さんの速さが分速 50m のとき、B さんが追いつくのに 30 分かかりました。このとき B さんの速さは分速何 m でしょうか？

ヒント
B さんの速さを分速 x m として、方程式を立てて解いてください。

memo

答えは180ページ！

発展問題

例題
A さんはある冒険小説を毎日 55 ページのペースで読みます。
B さんは同じ本を先に 40 ページ読んでいましたが、A さんに 4 日で追いつかれました。B さんは毎日何ページずつ読むのでしょうか。

答え
B さんが毎日 x ページずつ読むとします（日速 x ページと思えば速さ、時間、道のりの応用です）。
A さんと B さんの 1 日の差は $(55 - x)$ ページです。1 日に $(55 - x)$ ページ近づくとき、40 ページ近づくのにかかる日数は $40 ÷ (55 - x)$。
これが 4 日なので
$40 ÷ (55 - x) = 4$
下の面積図から、$55 - x = 40 ÷ 4 = 10$
下の線分図より、$x = 55 - 10 = 45$

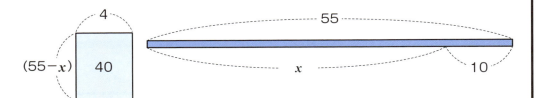

答　B さんは毎日 45 ページずつ読む

出会うまでの時間は速さの和に着目

解説 まずは解説をしっかり読もう！

ここでは旅人算のうち「出会うまでの時間の問題」を取り上げます。
ポイントは、速さの和に着目することです。
　たとえば、240m離れたところにいるAさん（秒速3m）とBさん（秒速5m）が反対方向に進んで出会うとき、1秒間に進む道のりの和 3 + 5 = 8 (m) ずつ近づきます。

以下、例題と練習で慣れましょう。

例題 Aさん、Bさん2人が周囲1350mの池の同じ地点から反対方向に進むとき出会うのに何分かかりますか。ただし、Aさんの速さは分速300m、Bさんの速さは分速150mです。

答 速さの和は、300 + 150 = 450 (m) です。
1分間に450mずつ近づくとき、
1350m近づく（＝出会う）時間は、
1350 ÷ 450 = 3

　　　　　　　　　　　　　　　　　　　　　　　　答　3分

・・・☀ 説明のポイント ・・・・・・・・・・・・・・・・・・・・・・・

2人が向かい合って近づくときは、速さの和で近づいて出会います

52

 練習問題 実践!

田中さんと山田さんが周囲 1600m ある池の同じ地点から反対方向に進むとき、出会うのに 5 分かかりました。そして田中さんの速さは分速 200m でした。このとき、山田さんの速さは分速何 m でしょうか。

ヒント
山田さんの速さを分速 x m として、方程式を立てて解いてください。

memo

答えは180ページ！

発展問題

例題
A さんと B さんが片道 2250m のコースを往復します。同時に出発して A さんが分速 270m、B さんが分速 180m で走ると 2 人が出会うのは出発地点から何 m のところですか。

答え
片道 2250m なので、コースの長さは往復で 2250 × 2 = 4500 (m) です。

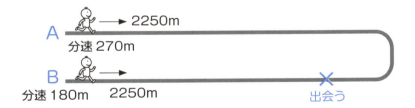

A さんと B さんは 4500m を 1 分間に速さの和 (270 + 180) m ずつ近づきます。
4500m 近づく時間は
4500 ÷ (270 + 180) = 10 (分) です。
B さんが 10 分間に進んだ道のりは
180 × 10 = 1800 (m)

答　2 人は出発地点から 1800m のところで出会う

ルール 20 時計は1分間に長針6度、短針0.5度

解説　まずは解説をしっかり読もう！

時計の問題の内容は旅人算ですから、分速を角度で表すことに慣れたら簡単です。
長針は1時間＝60分で一回転（＝360度）します。
そこで1分間に進む角度は、360÷60＝6（度）です。

短針は1時間＝60分で30度動きます。
そこで1分間に進む角度は、30÷60＝0.5（度）です。

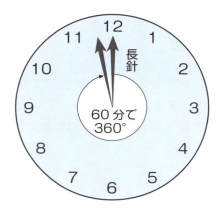 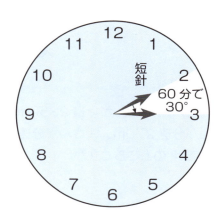

分速0.5度の短針と、分速6度の長針が同じ方向に進みます。
1分間に速さの差6－0.5＝5.5（度）で、近づいて追いつき（重なり）ます。重なったあとは1分間に5.5度ずつ長針が離れていきます。
以下、例題と練習で慣れましょう。

説明のポイント

長針は分速0.5度の短針を分速6度で追いかけ、1分間に（6－0.5）度近づきます

例題 5時と6時の間で長針と短針が重なる時刻を求めてください。

5時のとき長針と短針は 30 × 5 = 150（度）離れています。
短針は1分間に 30 ÷ 60 = 0.5（度）進み、これを長針が1分間に 360 ÷ 60 = 6（度）で追いかけます。

これは、150m 離れている B さん（分速 0.5m）に A さん（分速 6m）が追いつく時間を求める旅人算と同じ内容です。
1分間に 6 − 0.5 = 5.5（度）ずつ近づくから 150 度近づく（重なる）時間は 150 ÷ 5.5 です。

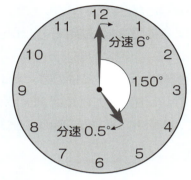

この計算は $5.5 = 55 \div 10 = \dfrac{55}{10}$ と、分数に直してやるほうが楽です。

$150 \div 5.5 = 150 \div \dfrac{55}{10} = 150 \times \dfrac{10}{55} = \dfrac{300}{11} = 27\dfrac{3}{11}$

答　5時 $27\dfrac{3}{11}$ 分

 実践！

3時と4時の間で長針と短針が重なるまえに、長針と短針の間が 30 度になる時刻を求めてください。

memo

答えは181ページ！

ルール21 通過算は運転手で距離をつかむ

 まずは解説をしっかり読もう！

　電車などが追いついて追い越す、出会ってからすれ違う、トンネルを抜ける、電柱を通り過ぎる等の問題を「通過算」といいます。

　通過算がわかりにくいのは、電車などに長さがあるからです。
　しかし、電車がたとえば200m動くとき、運転手も乗客もみんな200m動きます。そこで、運転手に着目して道のりをつかめば単なる速さ・時間・道のりの問題になって、簡単に解けます。

　たとえば、下図のように電車がトンネルに入って出るまでを考えるとき、運転手をかき入れると、運転手（＝電車）が動いた道のりは、トンネルの長さ＋電車の長さとわかります。
　こうして道のりをつかむことがコツです。

　以下、例題と練習で慣れましょう。

説明のポイント

電車に運転手を乗せたうえで、その運転手に着目すると、トンネルや電車の長さに迷わず簡単に解けます

例題 長さ120mで秒速40mのA列車が、長さ180mで秒速25mのB列車に追いついて追い越すまでの時間を求めてください。

追いついた瞬間に着目して運転手a, bをかき入れます。

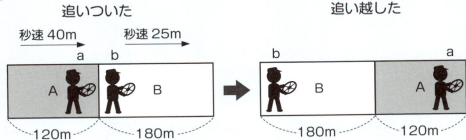

上図よりa, bが同じところから出発してaがbを 120 + 180 = 300 (m) 引き離すことがわかります。

aとbは1秒間に 40 − 25 = 15 (m) 離れます。

速さ・時間・道のりの図にかき込みます。

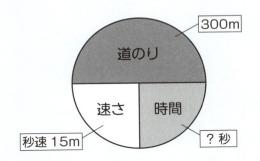

時間 = 300 ÷ 15 = 20 (秒)

答 20秒

1 長さ300mで秒速60mのA列車と長さ210mで秒速25mのB列車が反対方向から来ました。このとき、すれちがうのにかかる時間を求めてください。

memo

2 長さ200mで秒速45mの列車が2050mのトンネルに入りかけてから完全に出るまでに、何秒かかりますか。

memo

3 長さ150mで秒速60mの列車が1050mのトンネルにすっかり隠れているのは何秒でしょうか。

memo

答えは181ページ！

ルール22 流水算の上りの速さ＝船−川 下りの速さ＝船＋川

解説

まずは解説をしっかり読もう！

流水算は、流れのある川を船でこいで下ったり上ったりするような問題です。
ポイントはたとえば、池（＝静水＝流れのないところ）で分速30mで船をこぐ人が、分速10mで流れる川をこの船でこいでいるときの速さは、下図のしくみより分速が
船（を静水でこぐ速さ）−川（の流れの速さ）＝30−10＝20（m）

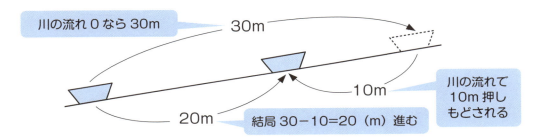

川をこの船でこいで下がるときの速さは、下図のしくみより分速が
船（を静水でこぐ速さ）＋川（の流れの速さ）＝30＋10＝40（m）となります。

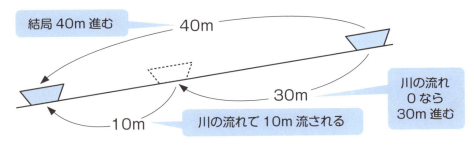

以下、例題と練習で慣れましょう。

説明のポイント

湖を秒速5mで進む船が秒速2mで流れる川を上るとき、分速は（5−2）mになります。下るときは（5＋2）mになります

例題 川上の A 地点から川下の B 地点まで 1760m 離れています。川の流れの速さは、分速 16m です。
このとき、A 地点から B 地点まで静水で分速 28m で船をこぐ人がこぎ下がるのに何分かかるでしょうか。

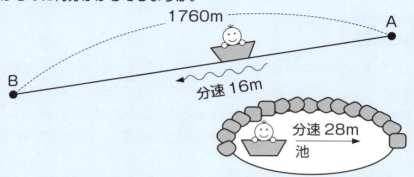

答 船の分速は
船(を静水でこぐ速さ)＋川(の流れの速さ)
＝ 28 ＋ 16 ＝ 44 (m) です。
速さ・時間・道のりの図にかき込みます。

時間＝道のり÷速さ＝ 1760 ÷ 44 ＝ 40

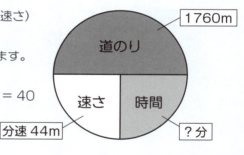

答 40 分

川下の B 地点から川上の A 地点まで 690m 離れています。
川の流れの速さは、分速 17m です。このとき、B 地点から A 地点まで船をこいで上るのに 46 分かかりました。この船を静水（池）でこぐときの分速はいくらでしょうか。分速を x m として式をつくって解いてください。

memo

答えは183ページ！

第 3 章

割合と比が
得意分野になる
解き方のルール

ルール23　比べる量÷もとにする量＝割合　「〜は」が比べる量

解説　まずは解説をしっかり読もう！

割合とは何でしょうか？

たとえば1000円は500円の何倍ですか？　と聞かれたら1000÷500＝2（倍）と計算します。この「2倍」が割合です。

この計算で、わられる数1000が比べる量

わる数500がもとにする量です。割合の計算は

比べる量÷もとにする量＝割合　で計算します。

この計算のポイントは比べる量をつかむことです。

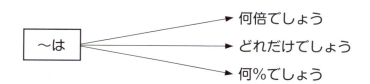

上のような割合に関する文章があったとき、「〜は」にあたる部分が比べる量です。
これさえつかめば他方がもとにする量ですから、割合の計算は簡単です。
以下、例題と練習で慣れましょう。

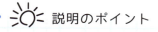 説明のポイント

「〜は…のどれだけか（何倍ですか）」という文章の「〜」が「比べる量」です

例題 400円は2000円のどれだけですか。

答 400円は2000円のどれだけですか。という言葉のうち
「〜は」にあたる部分が比べる量ですから、ここでは400円が比べる量、
他方の2000円がもとにする量です。
割合＝比べる量÷もとにする量
　　　＝ 400 ÷ 2000 ＝ 0.2（＝ $\frac{1}{5}$）です。

図より、400円は2000円の 0.2 ＝ $\frac{1}{5}$ になっています。

 練習問題 実践！

Aさんはカードを12枚、Bさんはカードを60枚持っています。Aさんのカード
をもとにすると、Bさんのカードは何倍になるでしょうか。

memo

答えは183ページ！

発展問題

例題

Aさんは770円、Bさんは350円持っています。
Cさんは966円、Dさんは420円持っています。
このときAさんの所持金のBさんの所持金に対する割合と、Cさんの所持金の
Dさんの所持金に対する割合はどちらが大きいでしょうか。

答え

割合なのに「〜は…どれだけか」という文章になっていません。算数はこのように国語の問題になることがあります。
Aさんの所持金のBさんの所持金に対する割合、これを「〜は…どれだけか」で読み直すと「Aさんの所持金はBさんの所持金のどれだけか」になります。
$770 \div 350 = 2.2$（倍）
同様にCさんの所持金のDさんの所持金に対する割合は
$966 \div 420 = 2.3$（倍）

答　Cさんの所持金のDさんの所持金に対する割合のほうが大きい。

ルール24 比べる量ともとにする量は面積図で計算

解説

まずは解説をしっかり読もう！

割合は　比べる量÷もとにする量＝割合　で計算しました。
比べる量と、もとにする量は
比べる量÷もとにする量＝割合　を面積図で表せば簡単です。

15 ÷ 3 ＝ 5 を図示すると下図のようになります。

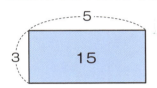

この図から、3 × 5 ＝ 15 と 15 ÷ 5 ＝ 3 も同時にわかります。
同様に、比べる量÷もとにする量＝割合　は下図のように表せます。

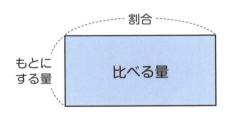

この図から、**もとにする量×割合＝比べる量**
　　　　　　比べる量÷割合＝もとにする量　です。

以下、例題と練習で慣れましょう。

説明のポイント

面積図を用いると、比べる量ともとにする量がいとも簡単に計算できます

例題 40個の3.5倍は（　）個です。（　）の数値を求めてください。

（　）を x とすると「この文は x は40個の3.5倍です」という内容です。「～は」にあたるのが比べる量ですから、比べる量は x、もとにする量は40個、割合は3.5倍です。

比べる量÷もとにする量＝割合　にもとづいて
面積図は下図のようになります。

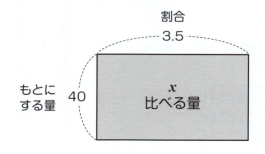

図より　$x = 40 × 3.5 = 140$

答　140

リレーのメンバーに選ばれたのは6人ですが、これはクラスの $\frac{1}{6}$ にあたります。クラスの人数は何人でしょうか。

memo

答えは183ページ！

ルール 25

小数→％は×100
％→小数は÷100

解説　まずは解説をしっかり読もう！

　私たちの生活での割合は、何倍、何分の一というより％（パーセント）でかかわることが多いようです。

　たとえば、スーパーで買い物をしたとき、レシートには消費税の8％（10％）分がのっていますし、バーゲンセールでは20％ OFF、50％ OFFなどのかき込みを見かけます。

　そして、小数→％、％→小数は、単位の換算と同じように機械的にやります。

小数→％は×100、％→小数は÷100 です。

　たとえば、0.02 → 0.02 × 100 = 2（％）、35％→ 35 ÷ 100 = 0.35　以下、例題と練習で慣れましょう。

例題　A中学校の生徒は560人です。このうちスポーツクラブに入っている人は112人です。スポーツクラブに入っている人は生徒全部の何％でしょうか。

答　「〜は」にあたるところが比べる量ですから、比べる量は112（人）、他方の560人がもとにする量です。
割合＝比べる量÷もとにする量＝ 112 ÷ 560 = 0.2
これを％に変えます。0.2 × 100 = 20

答　20％

説明のポイント

小数を100倍すると％表示になります、％表示の数字を100で割ると小数になります

90個は（　）個の15%です。
（　）に入る数値を求めてください。

 まず%を小数に変えます。
15% → 15 ÷ 100 = 0.15
（　）を x とすると90個は x 個の0.15という内容です。
「〜は」、にあたるのが比べる量ですから、ここでは90個が比べる量、もとにする量は x 個、割合は0.15です。

比べる量÷もとにする量＝割合　の面積図は下図のようになります。

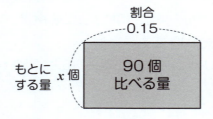

図より　$x = 90 ÷ 0.15 = 600$　　　　　　　　　　答　600

　ここでポイントを整理しましょう。

割合（%）を求める問題では
比べる量÷もとにする量＝割合で計算してから×100で%に変えます。

比べる量と、もとにする量を求める問題では
%を÷100で小数に直したあと面積図で解決します。

① 60台仕入れた携帯電話のうち18台が売れ残りました。
売れ残った携帯電話は仕入れた携帯電話の何％でしょうか。

memo

---

② 450人の12％は（　）人です。
（　）に入る数値を求めてください。

memo

答えは184ページ！

ルール26 食塩水の濃度は子ども（塩）と大人（水）のグループで考える

解説 まずは解説をしっかり読もう！

食塩水の問題は苦手な人が多いようです。その原因のひとつは、食塩が水に溶けて見えなくなるからです。しかしその内容は「割合」の問題なのです。

以下のように、食塩水を目で見えるかたちに置きかえると簡単です。

食塩　　⇔　　子どもの人数
水　　　⇔　　大人の人数
食塩水　⇔　　子どもと大人を合わせたグループの人数

このように対応させると、たとえば「食塩5gを水15gに溶かしてできた食塩水の濃度は何％ですか」という問題は、（子ども5人、大人15人の　計20人のグループで子どもはグループの何％ですかという問題）に対応します。こうなると、単なる割合の問題です。

「〜は」にあたる子どもの人数5が比べる量
他方のグループの人数20がもとにする量
割合＝比べる量÷もとにする量＝5÷20＝0.25
⇒　25％です。

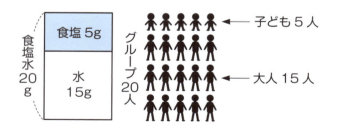

説明のポイント

食塩水の濃度の問題は、塩を「子ども」水を「大人」と思って見える化すると簡単です

食塩水の問題を考えるときはこの対応で考えれば簡単です。
以下、例題と練習で慣れましょう。

例題 食塩25gを100gの水に溶かすと何%の食塩水ができますか。

答
この問題は
「子ども25人と大人100人の合計125人のグループで子ども（25人）はグループ（125人）の何%ですか」と置きかえられます。
この対応を考えながら解きます。

「～は」にあたるのが比べる量ですから、ここでは比べる量は25g、他方の125gがもとにする量です。

割合＝比べる量÷もとにする量＝25÷125＝0.2
これを%に変えます。0.2×100＝20

答　20%

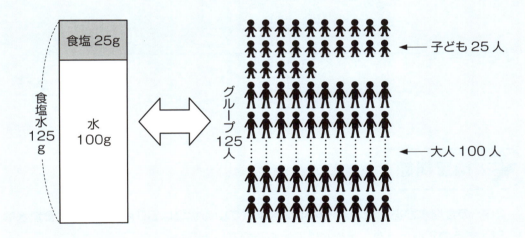

例題 12%の食塩水200gに含まれる食塩は何gでしょうか。

まずこの問題は
「子どもは200人のグループの12%です。子どもは何人ですか」と置きかえられます。この対応を考えながら解きます。

食塩を x gとすると食塩 x gは食塩水200gの12%という内容です。

「〜は」にあたるのが比べる量ですから、ここでは x gが比べる量、もとにする量は食塩水200g、割合は12%を小数にして、$12 \div 100 = 0.12$ です。

ここでルール24の比べる量÷もとにする量＝割合 の面積図を使います。

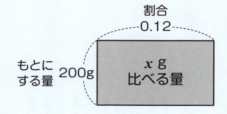

図より $x = 200 \times 0.12 = 24$

答 24g

20%の食塩水があります。この中に含まれている食塩は50gです。では食塩水は何gあるのでしょうか。また水は何gあるのでしょうか。

memo

答えは184ページ！

ルール27 かけるとわるで比を簡単にする

解説 まずは解説をしっかり読もう！

比という表し方

太郎さんはりんごを10個、次郎さんはりんごを5個もっているとします。
このとき、太郎さんと次郎さんのりんごの個数の関係の表し方には2通りあります。
そのひとつは、これまで見てきた「割合」です。
「太郎さんのりんごは次郎さんのりんごのどれだけですか？」という場合

$10 ÷ 5 = 2$（倍）

「次郎さんのりんごは太郎さんのりんごのどれだけですか？」という場合
$5 ÷ 10 = \frac{5}{10} = \frac{1}{2}$ です。

もうひとつの表し方が比です。
比はもっと直接的な表し方です。

太郎：次郎＝10：5（10対5と読みます）のように表します。10と5の関係、といった感じです。

説明のポイント

使われている数を何倍かにしたり割ったりして、比を簡単にします

比を簡単にする

前ページの太郎：次郎＝ 10：5 は
10：5 ＝（10 ÷ 5）：（5 ÷ 5）＝ 2：1 のように
簡単な（整数の）比にすることができます。

図からも 10:5 ＝ 2:1　です。このように、できるだけ小さい整数の比にすることを「比を簡単にする」といいます。

比を簡単にするのには、いくつかの場合があります。
以下、例題と練習で慣れましょう。

 例題　20：75 を簡単にしてください。

 答　20 と 75 を最大公約数 5 でわります。
20：75 ＝（20 ÷ 5）：（75 ÷ 5）
　　　　＝ 4：15

 例題　0.4：1.2 を簡単にしてください。

 答　さしあたり、10 をかけて整数の比にします。
0.4：1.2 ＝（0.4 × 10）：（1.2 × 10）＝ 4：12

次に 4 と 12 の最大公約数 4 でわります。
4：12 ＝（4 ÷ 4）：（12 ÷ 4）＝ 1：3

まとめてかくと、

　　　　　× 10　　　÷ 4
0.4：1.2 ＝ 4：12 ＝ 1：3

例題 $\frac{1}{6} : \frac{1}{9}$ を簡単にしてください。

 答 $\frac{1}{6} : \frac{1}{9} = \frac{3}{18} : \frac{2}{18} = \left(\frac{3}{18} \times 18\right) : \left(\frac{2}{18} \times 18\right)$
$= 3 : 2$

通分

 練習問題 実践！

1 36 : 48 を簡単にしてください。

memo

3 : 4

2 0.7 : 2.1 を簡単にしてください。

memo

1 : 3

3 $\frac{5}{8} : \frac{3}{5}$ を簡単にしてください。

memo

25 : 24

答えは185ページ！

第3章　割合と比が得意分野になる　解き方のルール

75

A:Bの比の値は $\frac{A}{B}$

解説 まずは解説をしっかり読もう！

A：Bの比の値は $\frac{A}{B}$ です。
これは「AはBのどれだけですか」という意味です。
以下、例題と練習で慣れましょう。

例題

次の比の値を求めてください。
① 5：15　② 0.8：2.4

答

① A：Bの比の値は $\frac{A}{B}$ なので

　　5：15 の比の値は $\frac{5}{15} = \frac{1}{3}$

② まず比を簡単にします。

　　0.8：2.4 = 8：24 = 1：3
　　　（×10）　（÷8）

そこで、0.8：2.4 の比の値は 1：3 の比の値

だから $\frac{1}{3}$

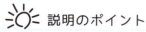 説明のポイント

A：Bの比の値は「AはBのどれだけか」ということでA÷Bで求めます

 実践！

1 次の比の値を求めてください。
① 8 : 12　　② 0.3 : 0.9

memo

$\frac{8}{12} = \frac{2}{3}$　　$\frac{1}{3}$

---

2 田中さんのクラスは 45 人です。このうち男子は 25 人、女子は 20 人です。①、②、③に答えてください。
① 男子と女子の比
② 男子とクラスの人数の比
③ 女子とクラスの人数の比の値

memo

答えは185ページ！

ルール 29 比の式は 内項の積＝外項の積で解く

解説　まずは解説をしっかり読もう！

比の式とは、1 : 3 = x : 5 のような式です。
この式は、内項の積＝外項の積　で解きます。
そこでまず、内項と外項から説明します。

Ⓐ : Ⓑ = Ⓒ : Ⓓ の Ⓑ と Ⓒ が内項　Ⓐ と Ⓓ が外項です。

次は、内項の積＝外項の積　です。
1 : 2 = 2 : 4 と 2 : 4 = 3 : 6　について見てみましょう。

　　　　　　　　　　　　　　　　内項の積＝外項の積
① : ② = ② : ④　　⇨　　② × ② = ① × ④

　　　　　　　　　　　　　　　　内項の積＝外項の積
② : ④ = ③ : ⑥　　⇨　　④ × ③ = ② × ⑥

比が等しいとき、内項の積＝外項の積
(□×□ ＝○×○) が成り立ちます。
以下、例題と練習で慣れましょう。

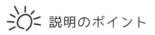 説明のポイント

比の式は、内側の2つの項の積と外側の2つの項の積が等しくなることを使ってときます

例題 1 : 3 = 4 : x の x を求めてください。

答 ① : ③ = ④ : x　　内項の積＝外項の積だから
③ × ④ = ① × x　⟹　$x = 12$

例題 本を読んでいます。読んだページ数と残りのページ数の比は 7 : 8 で、読んだページ数は 49 ページです。残りのページ数は何ページでしょうか。

答 残りのページ数を x ページとすると
7 : 8 = 49 : x　　内項の積＝外項の積　だから
⑧ × ㊹ = ⑦ × x　⟹　392 = 7 × x

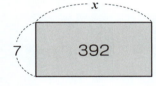

☞　$x = 392 ÷ 7 = 56$

答　56 ページ

 練習問題　 実践！

① 2 : 5 = x : 160　の x を求めてください。

memo
$x = 64$

② バス旅行の申込者を調べたところ、大人と子どもの人数の比が 13 : 25 で、大人は 39 人でした。
このとき、子どもの人数を求めてください。

memo　13 : 25 = 39 : x
$x = 75$

答えは 185 ページ！

比例配分は線分図で考える

解説 まずは解説をしっかり読もう！

比（割合）に応じて分けることを「比例配分」といいます。
比例配分の問題は線分図をかいて考える、これがポイントです。
たとえば本を読むとき、読んだページと残りのページの比が 3：5 なら、下のような線分図をかきます。

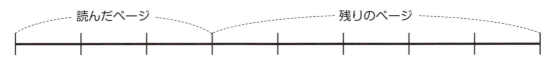

以下、例題と練習で慣れましょう。

例題 45人のクラスで女子：男子が 2：3 のとき、女子の人数を求めてください。

答 線分図をかきます。

図より、女子はクラスの $\frac{2}{5}$ だから、$45 \times \frac{2}{5} = 18$

答　18人

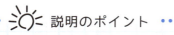 説明のポイント

比例配分の問題は線分図をかいて、割合に応じて分けます

❶ 田中さんの学校の生徒数は 273 人で、今日の欠席者と出席者の人数の比は 2：11 です。
出席者の人数は何人でしょうか。

memo

❷ A さんには小学生、中学生、高校生の 3 人の子どもがいます。宝くじが当たったので、当せん金の一部 4500 円を子どもたちにおこづかいとしてあげることにしました。
小中高の 3 人にあげる金額の比を 2：3：4 とするとき、高校生にはいくらあげることになるでしょうか。

memo

答えは186ページ！

第 **4** 章

文章題がツボに はまってスラスラ わかる解き方のルール

ルール31 和差算は2本線分図をかく

解説

まずは解説をしっかり読もう！

ここでは「大きい数と小さい数の和と差が与えられたときに、大きい数と小さい数はそれぞれどのような数なのかを求める問題」をやります。

たとえば、大きい数と小さい数の和が25で差が5の場合、まず①のような2本線分図をかきます。大と小の長さの和が25、差が5です。

このあと、②のように小に5（点線）をたせば和が25＋5＝30となりますが、これは大の2倍です。

③のように大から5（点線）をひけば和が25－5＝20となりますが、これは小の2倍です。

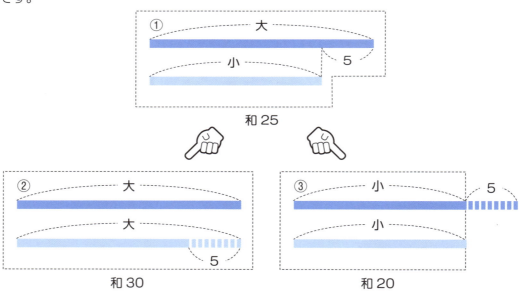

和差算では前ページのように①をかいたあと、短い線分または長い線分のいずれかに合わせるように調節します。これがポイントです。

以下、例題と練習で慣れましょう。

説明のポイント

和差算は線分図を2つかいて、長い方の出っぱりをカットするか短い方に不足分をプラスします

例題 120 m² の土地を2つに分けて、一方を他方より 10 m² 大きくなるようにすると、大きいほうの面積は何m² になりますか。

答
大きい面積と小さい面積の和が 120m²
大きい面積と小さい面積の差が 10m²

和差算だから ① の2本線分図をかきます。大きいほうを求めるから ② のように小に 10（点線）をたします。和が 120 + 10 = 130 となりますが、これが大の2倍だから　大 = 130 ÷ 2 = 65

答　65m²

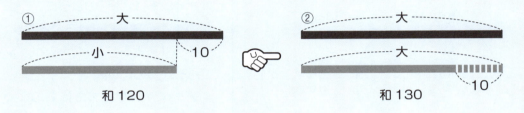

 **練習問題** 実践！

1 昼の長さが、夜の長さより 3 時間長いとき、夜の長さはいくらですか。

memo

2 ある真分数の分母と分子の差は 15 で、分母と分子の和は 55 です。この分数を求めて約分しなさい。

memo

答えは186ページ！

ルール 32 集合算はベン図をかく

解説

まずは解説をしっかり読もう！

集合算は下のようなベン図をかいて解決します。
ここでは、兄がいる人と、姉がいる人に関する図で説明します。

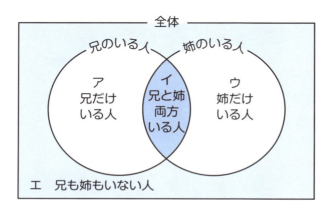

ポイントは、上図のようにア、イ、ウ、エの 4 つの部分に分けることです。

そうすると、ア＋イが兄のいる人、ウ＋イが姉のいる人、

ア＋イ＋ウが兄または姉のいる人（兄と姉の少なくとも一方がいる人）、

ア＋イ＋ウ＋エ＝全体　です。

問題によっては、前ページエの兄も姉もいない人、がない問題も出ます。そういう場合は、全体を表す四角のわくがない下図をかきます。この場合はア、イ、ウの 3 つの部分に分けます。

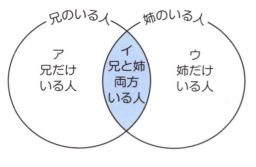

ア＋イが兄のいる人
ウ＋イが姉のいる人
ア＋イ＋ウが兄または姉のいる人（兄と姉の少なくとも一方がいる人）

結局ア、イ、ウ、エの 4 つの部分に分ける、あるいはア、イ、ウの 3 つの部分に分けて考えます。

そうするとダブリがないので応用がききます。

以下、例と練習で慣れましょう。

説明のポイント

集合算の問題では「ベン図」をかきます、このときダブリがないようにします

例題 30人のクラスで野球が好きな人は18人、サッカーが好きな人は23人、どちらも好きでない人は4人でした。では野球とサッカーのどちらも好きな人は何人でしょうか。

答 ベン図をかいてアイウエに分けます。そしてわかっている数字をかきこみます。

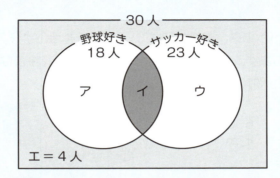

上図より野球が好きな人　　ア＋イ＝18 ……… ①
サッカーが好きな人　　ウ＋イ＝23 ……… ②
野球またはサッカーが好きな人
ア＋イ＋ウ＝30 － 4 ＝ 26 ……… ③

ここからはわかるところから求めます。
①と③から、ウ＝26 － 18 ＝ 8
これを②に代入すると、ウ＋イ＝8 ＋イ＝23
イ＝23 － 8 ＝ 15

　　　　　　　　　　　　　　　　　　　　　答　15人

❶ 50人のクラスで虫歯の人が26人、近視の人が15人、虫歯で近視の人が5人いました。どちらでもない人は何人ですか。

memo

❷ 田中さんのクラスは全部で40人です。英語が好きな人は28人、英語と国語両方好きな人は5人。英語と国語のどちらも嫌いという人はいませんでした。では国語が好きな人は何人でしょう。

memo

答えは187ページ！

ルール 33 ニュートン算は 出る量−入る量＝へる量

> **解説**　まずは解説をしっかり読もう！

　ニュートン算というのは、身近な例でいえば「所持金が10万円の人が毎日の生活に6000円かかるとします。毎日の収入が4000円なら所持金がなくなるのに何日かかりますか？」というような問題です。

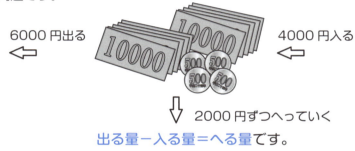

出る量−入る量＝へる量です。

　ニュートン算には、多少のバリエーションがあります。
　たとえば、映画館の列で1分間にあらたに10人ずつが列に加わるとき、1分間に20人入れる入り口が1か所の場合、1分間に列は20−10＝10人ずつへりますが、この入り口を2か所にすると、1分間に出る量＝20×2＝40（人）ずつとなります。
　入る量は10人ですから、1分間に列は40−10＝30（人）ずつへっていきます。
　この場合も　**出る量−入る量＝へる量**です。
　以下、例題と練習で慣れましょう。

 説明のポイント

毎日入ってくるお金より出ていくお金が多かったらどうなるでしょうか？
その差で毎日所持金が減っていくことになりますね

例題 水そうに水が420L入っています。水道の蛇口から毎分6Lの割合で水を入れながらポンプで水をくみ出すと、35分で水そうは空になります。ポンプが水をくみ出すのは毎分何Lですか。

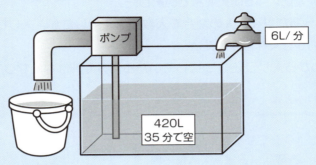

420Lの水が35分でなくなりましたから
1分あたりの　へる量＝出る量－入る量　は
420÷35＝12　です。

線分図より、出る量＝6＋12＝18

答　毎分18L

映画館の入り口に240人並んでいます。行列は毎分8人ずつ増えていきますが、ひとつの窓口で売り始めたら20分で行列はなくなりました。最初から窓口を2つにしたら、何分で行列はなくなりますか。

memo

答えは188ページ！

89

発展問題

例題

ある劇場で開場前に 450 人並んでいました。

開場後も 1 分あたり 15 人の割合で人数が増えましたが、入り口を 2 つにすると 10 分で列がなくなりました。

では、はじめから入り口を 3 つにしていたら何分で列はなくなっていたでしょう。

答え

450 人の列が 10 分でなくなったので、

1 分あたりのへる量＝出る量－入る量　は

450 ÷ 10 ＝ 45 です。

1 つの入り口から 1 分あたりに入る人の数を□人とすると

2 つの入り口では□× 2（人）入場します。

へる量＝□× 2 － 15 です。

このへる量は先ほど求めた通り 45 なので

□× 2 － 15 ＝ 45　□× 2 ＝ 45 ＋ 15 ＝ 60　□＝ 60 ÷ 2 ＝ 30

1 つの入り口から 1 分間に入場するのは 30 人です。

入り口を 3 つにすると、出る量は 30 × 3 ＝ 90

入る量は 15 だから　へる量＝出る量－入る量＝ 90 － 15 ＝ 75

行列がなくなるまでの時間は、450 ÷ 75 ＝ 6

答　6分

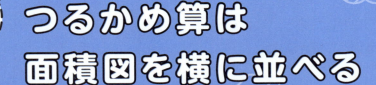

ここでは以下の問題のような「つるかめ算」の解き方をやります。

つるとかめが合わせて8匹いて、その足の合計は20本です。
つるとかめはそれぞれ何匹いますか。

つるを□匹、かめを△匹とすると、それぞれの足の数は、下の面積図で表せます。

これを①のように横に並べます。

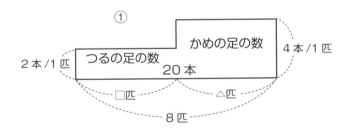

図をかくときのポイントは、縦に単位あたりの量（ここでは2本／1匹、4本／1匹）。
横に個数（ここでは匹数）をとることです。

つるかめ算は面積図をかいて、つるの足、またはかめの足の数に着目します

面積図は ① のようにかいたあと、② また ③ の形に整理して
■ の部分に着目して解きます。

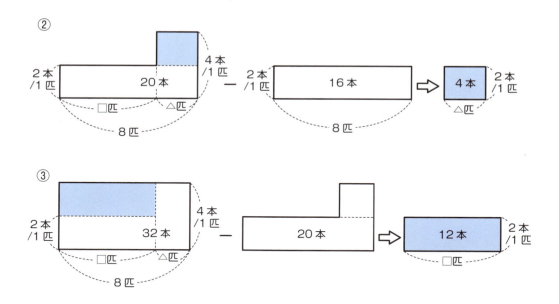

以下、例題と練習で慣れましょう。

例題 80円のえんぴつと100円のボールペンを合わせて24本買って2200円払いました。それぞれ何本買ったのでしょうか。

 答 えんぴつを□本、ボールペンを△本として①をかきます。

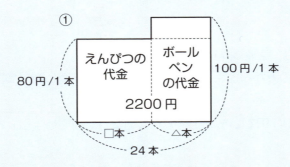

ここでは②の形に整理して解いてみます。

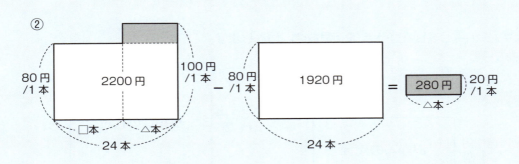

図より　△ = 280 ÷ 20 = 14
　　　　□ = 24 − 14 = 10

答　えんぴつ 10本
　　ボールペン 14本

 実践！

1個80円のアメと1個50円のガムを合わせて20個買ったところ、代金の合計が1360円になりました。それぞれ何個買いましたか。

memo

答えは188ページ！

ルール35 差集め算・過不足算は面積図を縦に並べる

解説 まずは解説をしっかり読もう！

ここでは以下のような「差集め算」の解き方をやります。

たとえば1個80円のみかんと、1個160円のりんごを同じ数ずつ買ったとします。

「代金は合わせて1200円でした。それぞれ何個買ったのでしょう」というのが問題パターン1です。

「代金のちがいは400円でした。それぞれ何個買ったのでしょう」というのが問題パターン2です。

まず①のような図をかきます。個数は□個とします。

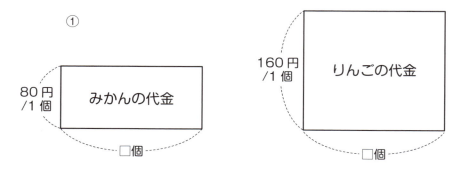

図をかくときのポイントは、縦に単位あたりの量（ここでは80円／1個、160円／1個）、横に個数をとることです。

説明のポイント

差集め算・過不足算の面積図では縦に単位あたりの量、横に個数をとります

次に、問題パターン1は①を②に、問題パターン2は①を③のように
縦に並べます。そして▢に着目して解決します。

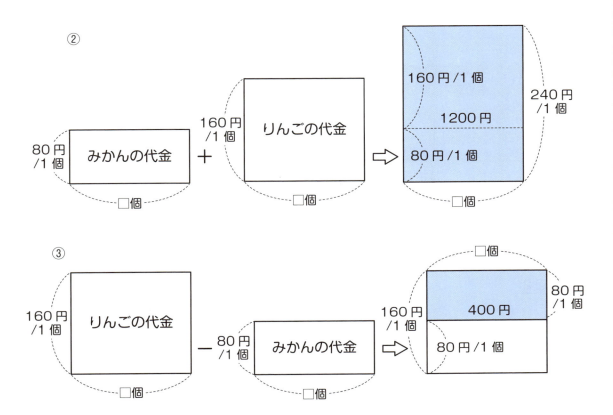

次の項目であつかう過不足算もやり方は同じです。
以下、例題と練習で慣れましょう。

例題　1個60円のみかんと1個200円のりんごを同じ数ずつ買ったところ、代金は合わせて1820円でした。何個ずつ買ったのでしょうか。

答　差（ここでは値段のちがい）があるみかんとりんごが同じ数ずつあるので「差集め算」と言います。まず図1をかきます。

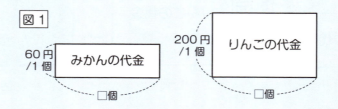

図1を図2の形に整理します。

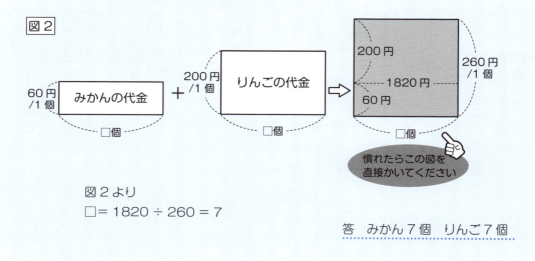

図2より
□ = 1820 ÷ 260 = 7

答　みかん7個　りんご7個

実践！

① 1本70円のえんぴつと1本120円のボールペンを同じ数ずつ買ったところ、代金のちがいは750円になりました。何本ずつ買ったのでしょうか。

memo

答えは189ページ！

例題 みかんを何人かの子どもに配ります。1人に5個ずつ配ると9個余り、7個ずつ配ると3個不足します。子どもの人数は何人でしょうか。

答 これは過不足算の問題です。ただ、差（ここでは1人あたりの個数）があるものを同じ数（ここでは人数）ずつ集めるので、差集め算の仲間とも言えます。人数を□人として、まず図1をかきます。

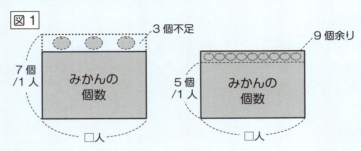

図1を図2の形に整理します。

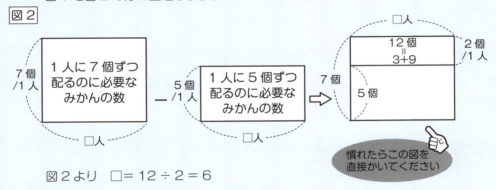

図2より　□ = 12 ÷ 2 = 6

答　子どもは6人

なお、この問題は「1人あたり5個ずつ配った場合と7個ずつ配った場合では、個数の違いが12個になりました。何人に配ったのでしょうか」という差集め算にも言いかえられます。

　実践！

2 アメを何人かの子どもに配ります。1人に4個ずつ配ると10個余り、7個ずつ配ると2個足りません。子どもの人数とアメの個数を求めてください。

memo

答えは189ページ！

ルール36 仕事算では全体の仕事量を1とする

解説

まずは解説をしっかり読もう！

全体の仕事量を1とすることから考えましょう。

たとえば「48m²の塀にペンキを塗り終えるのにAさんは6時間かかり、Bさんは12時間かかります。はじめからAさんとBさんがいっしょに働くと何時間かかりますか」という問題で考えます。

これは「塀にペンキを塗り終えるのにAさんは6時間かかり、Bさんは12時間かかります。はじめからAさんとBさんが一緒に働くと何時間かかりますか」という問題と同じ内容です。

かべの広さに関係ないことは、直感でわかります。
そこで仕事算では仕事の量（ここではペンキをぬるかべの広さでした）を1として考えるようにしています。

そうすると、Aは6時間かかるからAは1時間に $\frac{1}{6}$ 塗ります。

Bは12時間だからBは1時間に $\frac{1}{12}$ 塗ります。

このようにとらえるのが仕事量のポイントです。
AさんとBさんの1時間あたりの仕事を図示します。

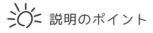

説明のポイント

仕事算では、まず仕事の量の全体を「1」とするところから始めます

Aは1時間に $\frac{1}{6} = \frac{2}{12}$

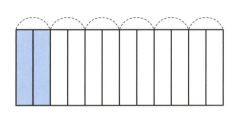

Bは1時間に $\frac{1}{12}$

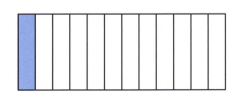

AとBが一緒に働くと1時間に $\frac{2}{12} + \frac{1}{12} = \frac{3}{12}$ の仕事をします。

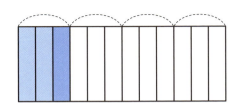

図をみると4時間で仕上がることがわかります。

計算では、x 時間で仕上がるとすると

$\frac{3}{12} \times x = 1$ $x = 1 \div \frac{3}{12} = 1 \times \frac{12}{3} = 4$ (時間) です。

仕事の全体量を1として1時間あたりや1日あたりなどの仕事の能率（ここで1時間にA $\frac{1}{6}$ B $\frac{1}{12}$ ）を計算して考えるのが仕事算のやり方です。

以下、例題と練習で慣れましょう。

例題 AさんとBさんがいっしょに仕事をすると6日で終わる仕事があります。この仕事をAさんだけですると、9日かかります。
それではBさんだけですると、何日かかりますか。

 答
全体の仕事量を1とします。
A＋Bでは6日だからA＋Bの1日の仕事量は $\frac{1}{6}$ です。

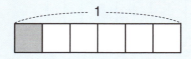

A1人では9日だからAの1日の仕事量は $\frac{1}{9}$ です。

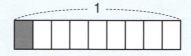

Bの1日の仕事量は

$\frac{1}{6} - \frac{1}{9} = \frac{3}{18} - \frac{2}{18} = \frac{1}{18}$

Bだけで x 日かかるとすると

$\frac{1}{18} \times x = 1 \quad x = 1 \div \frac{1}{18} = 1 \times \frac{18}{1} = 18$

答　18日

1 ある仕事を仕上げるのにAさん1人だと24日、Bさん1人だと8日、Cさん1人だと12日かかります。この仕事を、3人で一緒にすると、何日で終わりますか。

memo

2 4人ですると、3時間でできる仕事があります。この仕事を3人で1時間働いたあと残りを1人ですると、あとどのくらいの時間がかかりますか。ただし1人が1時間にする仕事の量は同じです。

memo

答えは190ページ！

ルール 37 最頻値(モード)はいちばん多いところ 中央値(メジアン)はまん中

解説 まずは解説をしっかり読もう！

具体例でやれば簡単です。まずは問題を1つ解いてみましょう。
9人の生徒が、5問の算数のテストを受けました。
正解した問題の数とそれぞれの人数は下のドットプロットの通りです。

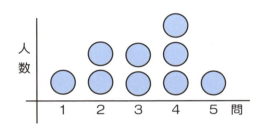

正解した問題の数の最頻値（モード）は、人数がいちばん多い「4問」です。
正解した問題の数の平均は、正解した問題の数の合計を人数でわって求めます。
合計は
$\underset{1問が1人}{1 \times 1} + 2 \times 2 + 3 \times 2 + 4 \times 3 + \underset{5問が1人}{5 \times 1} = 28$

平均＝合計÷個数で求めるので
$28 \div 9 = \dfrac{28}{9}$
$= 3.1 \cdots \cdots$（問）
となります。

中央値（メジアン）は、先ほどの図の内容を小さい方から並べたときの真ん中の値です。
正解した問題の数の中央値は「3問」です。

$\underbrace{1 \ \underline{2} \ \underline{2}}_{2問が2人} \ \underbrace{3 \ \boxed{3}}_{3問が2人} \ \underbrace{\underline{4} \ \underline{4} \ \underline{4}}_{4問が3人} \ 5$

説明のポイント

中央値はデータが奇数の時は中央の値、データが偶数の時は中央の2つの平均です

例題 子どもが 10 人います。くつのサイズをたずねたところ、下のようなドットプロットになりました。くつのサイズの最頻値と中央値を求めてください。

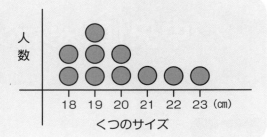

答 「3 人」がいちばん多いので、最頻値は「19cm」です。
問題は「中央値」です。果たしてどうなるでしょうか。
10 人を小さい方から並べると、真ん中に 2 人います。

このような場合は、この 2 人（小さい方から 5 番目と、6 番目）の値の平均を中央値とします。
中央値は (19 + 20) ÷ 2 = 19.5 (cm) です。　　　　　　　　答　19.5cm

例題 あるクラスで 1 ヶ月に何冊本を読んだかを調べたところ、下のドットプロットのようになりました。読んだ本の合計が 64 冊で 1 人あたりの平均が 3.2 冊だったとき、3 冊読んだ人の人数と中央値を求めましょう。

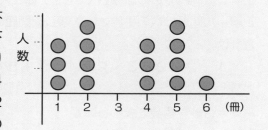

答 3 冊読んだ人を x 人とすると、合計＝平均×個数なので
64 = 3.2 × (3 + 4 + x + 3 + 4 + 1)
　　= 3.2 × (15 + x)
15 + x = 64 ÷ 3.2 = 20
この 20 はクラスの人数です。
　　　x = 20 − 15 = 5 (人)

20 は偶数なので、中央値は
「小さい方から並べたときに 10 番目にくる冊数 (3 冊) と 11 番目の冊数 (3 冊)
の平均で「3 冊」となります。

答　人数は 5 人、中央値は 3 冊

何人かの子どもに、1週間に何回塾に行っているか調査をしました。
その結果が下の表です。

回数	1	2	3	4	5	6
人数	2	ア	5	4	イ	1

アとイに入る数字を答えてください。
ただし回数の合計は 56 回、平均は 3.5 回です。中央値も 3.5 回です。

memo

答えは191ページ！

基礎問題

例題

A，B，C，D，E の体重の平均は 38kg で、A，B，C の体重の平均は 35kg です。D，E の体重の平均は何 kg でしょうか。

答え

5人の体重の合計
(A + B + C + D + E) = 38 × 5 = 190
3人の体重の合計
(A + B + C) = 35 × 3 = 105
DとEの体重の合計 = 190 − 105 = 85
DとEの体重の平均 = 85 ÷ 2 = 42.5

答　42.5kg

ルール38 消去算は一方をそろえる

まずは解説をしっかり読もう！

ここでは以下のような「消去算」の解き方をやります。

りんご1個とみかん3個で220円、りんご2個とみかん5個で400円です。りんご1個、みかん1個の値段はそれぞれいくらですか。

この問題の内容を図で表します。

これでは、りんご1個の値段もみかん1個の値段もわかりません。
そこで、一方の個数（ここではりんごの個数）をそろえます。

これを2セット買うことにより

説明のポイント

消去算では、たとえばりんごとみかんがあった場合だと、りんごの個数かみかんの個数をそろえます

ここで前ページの ② と ③ を見比べます。

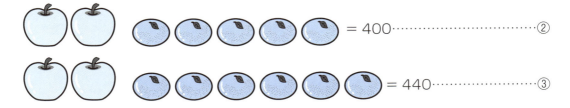

りんごの個数がそろっているので
値段の差はみかんの個数の差です。

= 40 とわかります。

これと ① より

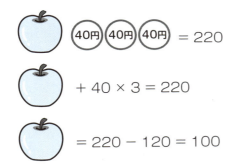

答　りんご1個100円　みかん1個40円

以上のことから、消去算では一方の個数をそろえますが、このとき「セット買い」のイメージを持つことが大切です。
　以下、例題と練習で慣れましょう。

例題 りんご1個とみかん1個で200円、りんご3個とみかん4個で640円です。りんご1個、みかん1個の値段はそれぞれいくらですか。

りんごを り 、みかんを み と表します。

り + み = 200 ……………①
り り り + み み み み = 640 ……………②

一方の個数（ここでは、みかんの個数）を**そろえる**ために
①を4セット買います。

り り り り + み み み み = 800 ……………③
り り り + み み み み = 640 ……………②

③と②を見比べることにより
り = 800 − 640 = 160
これと①　(り + み = 200) より
み = 200 − 160 = 40

答　りんご160円　みかん40円

練習問題 実践！

ある遊園地の入園料は、大人5人と子ども2人で合わせて1800円、大人6人と子ども4人で合わせて2400円です。大人1人の入園料はいくらですか。

答えは191ページ！

第 **5** 章

平面図形がよくわかる
解き方のルール

三角形の内角の和は 180°

> **解説** まずは解説をしっかり読もう！

下左図の角ア、イ、ウの和が180°です。
下右図がその理由です。

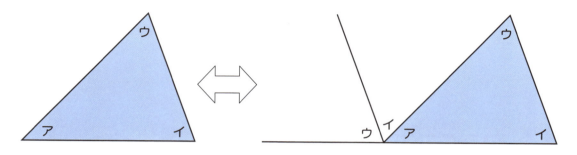

正三角形の1つの角は60°で、
1組の三角定規は3つの角が30°、60°、90°の三角形と45°、45°、90°の三角形です。

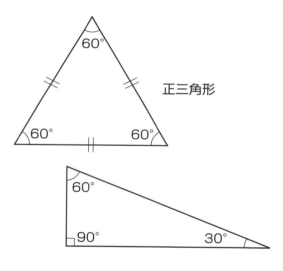

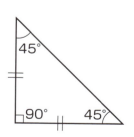

以下、練習で慣れてください。

・・・・・ 説明のポイント ・・・・・・・・・・・・・・・・・・・・・・・・・・・・・・

三角形の2つの内角がわかったら、残りの角を計算する習慣をつけましょう

 実践！

下の三角形の角度 x を求めてください。

①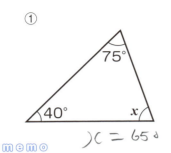

$x = 65°$

②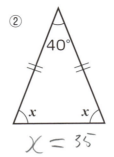

$x = 35$

答えは192ページ！

発展問題

例題

下の図の、角度 x を求めてください

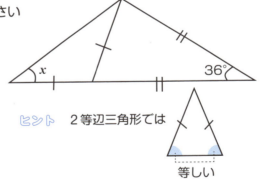

ヒント　2等辺三角形では 等しい

答え

$36 + ● \times 2 = 180$
$● \times 2 = 180 - 36 = 144$
$● = 144 \div 2 = 72$
$□ + 72 = 180$
$□ = 180 - 72 = 108$
$108 + x \times 2 = 180$
$x + 2 = 180 - 108 = 72$
$x = 72 \div 2 = 36$

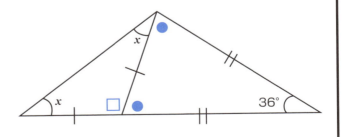

答　36°

ルール 40 三角形の外角は隣にない2内角の和

解説

まず外角とは何かはっきりさせましょう。

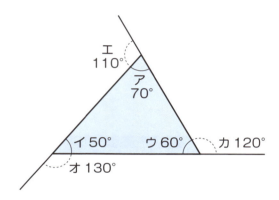

アの外角はエ
イの外角はオ
ウの外角はカです。
内角＋外角＝180° なので、エ＝110°、オ＝130°、カ＝120°になります。

ところで
エ（110°）＝イ（50°）＋ウ（60°）
オ（130°）＝ア（70°）＋ウ（60°）
カ（120°）＝ア（70°）＋イ（50°）
のように、外角＝隣にない2内角の和　になっています。
　以下、例題と練習で慣れましょう。

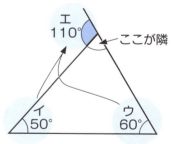

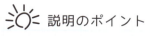 説明のポイント

三角形の外角は、隣にない2内角の和を用いると倍速で計算できます

第5章 平面図形がよくわかる解き方のルール

例題 下の三角形の角度 x を求めてください。

答

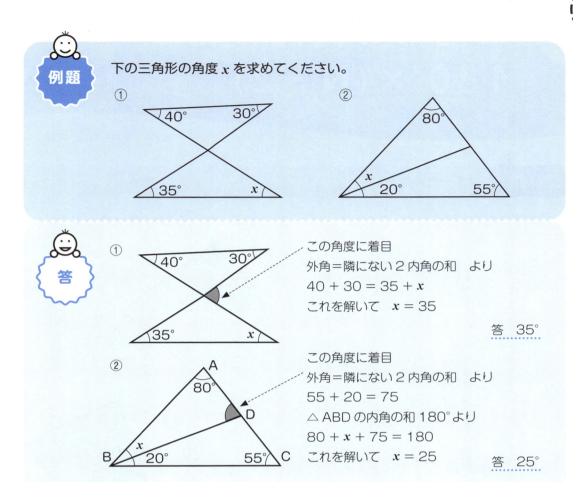

① この角度に着目
外角＝隣にない2内角の和 より
$40 + 30 = 35 + x$
これを解いて $x = 35$

答 35°

② この角度に着目
外角＝隣にない2内角の和 より
$55 + 20 = 75$
△ABDの内角の和180°より
$80 + x + 75 = 180$
これを解いて $x = 25$

答 25°

練習問題 実践！

① aとbを求めてください

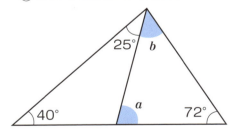

memo

② x を求めてください

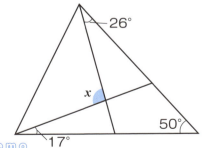

memo

答えは192ページ！

ルール 41　N角形の内角の和は 180°×(N−2)

解説　まずは解説をしっかり読もう！

N角形の内角の和はどうして 180°×(N − 2) となるのか、そこから考えましょう。

下図のように、**四角形**の内角の和は
(ア＋イ＋ウ)＋(エ＋オ＋カ) ＝ 180°× **2**

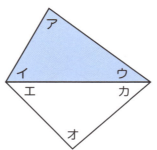

下図のように**5角形**の内角の和は
(ア＋イ＋ウ)＋(エ＋オ＋カ)＋(キ＋ク＋ケ) ＝ 180°× **3**

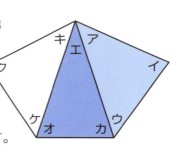

つまり、三角形がいくつできるかで内角の和が決まります。
四角形 ⇔ 2個　5角形 ⇔ 3個 でした。
調べてみると、6角形 ⇔ 4個　7角形 ⇔ 5個…となります。

よくみると　四角形のとき　4 − 2 ＝ 2（個）
　　　　　　5角形のとき　5 − 2 ＝ 3（個）
　　　　　　6角形のとき　6 − 2 ＝ 4（個）
　　　　　　7角形のとき　7 − 2 ＝ 5（個）となっています。

そこで、N角形のときは三角形が (N − 2) 個できるので内角の和は 180°×(N − 2) となります。
　この**公式を忘れたときには三角形に分けて考えてください。**　以下、例題と練習で慣れましょう。

説明のポイント

多角形の内角の和の公式をわすれたら、対角線で三角形が何個あるかを調べてその個数に「180°」をかけます

例題 9角形の内角の和はいくらでしょうか。

 答 N角形の内角の和の公式
180°×(N − 2)のNに9を代入します。

180 × (9 − 2) = 1260

答　1260°

 実践！

1 内角の和が1080°の多角形は何角形でしょうか。

memo

---

2 図の x を求めてください。

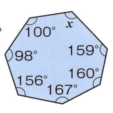

memo

---

3 ① 正6角形の1つの内角を求めてください。
　　② 正8角形の1つの内角を求めてください。

memo

正6角形　正8角形

答えは193ページ！

113

外角の和は360°

解説 まずは解説をしっかり読もう！

「外角の和は360°」というのは
三角形の外角の和は360°　　四角形の外角の和は360°
5角形の外角の和は360°　　6角形の外角の和は360°　　7角形の外角の和 360°
………ということです。

では、なぜこうなるかを5角形と6角形で考えましょう。

5角形の場合

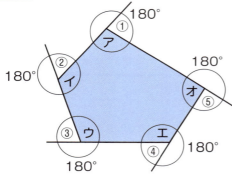

ア＋①＋イ＋②＋ウ＋③＋エ＋④＋オ＋⑤＝180×5
N角形の内角の和は、180×(N－2) より
ア＋イ＋ウ＋エ＋オ＝180×(5－2)＝180×3
そこで、外角の和 ①＋②＋③＋④＋⑤
　　　　　　　　＝180×5－180×3＝360°
外角と内角の和180の5倍から5角形の内角の和をひきました。

・・・・・・🔆 **説明のポイント** ・・・・・・・・・・・・・・・・・・・・・・・・・・・・・・

「外角の和は360°」を使うと、たとえば正6角形の1つの外角が 360÷6
＝ 60°と簡単に求められます

114

6角形の場合

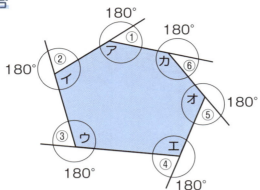

外角と内角の和180°の6倍から、6角形の内角の和 180 ×(6 − 2)= 180 × 4 をひきます。

180 × 6 − 180 × 4 = 180 × 2 = 360

同じ考え方で N 角形の場合

外角と内角の和 180 の N 倍から、N 角形の内角の和 180 ×(N − 2)をひきます。

180 × N − 180 ×(N − 2)= 180 × 2 = 360 です。　以下、練習で慣れましょう。

正 8 角形の 1 つの外角は何度でしょうか。

memo

答えは193ページ！

ルール43

長方形の面積＝縦×横
平行四辺形の面積＝底辺×高さ
台形の面積＝(上底＋下底)×高さ÷2

解説

まずは解説をしっかり読もう！

四角形の面積の公式をまとめて覚えましょう。

長方形の面積 ＝ 縦 × 横 ＝ 5 × 6 ＝ 30（cm²）

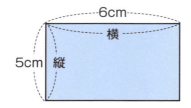

平行四辺形の面積 ＝ 底辺 × 高さ ＝ 6 × 4 ＝ 24（cm²）

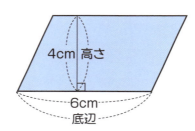

台形の面積 ＝ (上底＋下底) × 高さ ÷ 2 ＝ (4＋5) × 6 ÷ 2 ＝ 27（cm²）

以下、練習で慣れましょう。

説明のポイント

長方形の面積と平行四辺形の面積と台形の面積は基本中の基本。使い込んで慣れましょう

① ② の x を求めてください。

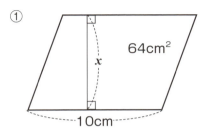

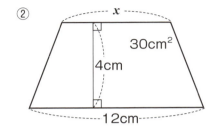

memo

答えは193ページ！

発展問題

例題

台形の中に平行四辺形が入った図形があります。
台形の面積が 120cm² のとき、
平行四辺形の面積を求めてください。

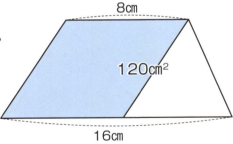

答え

台形の高さを□cm とすると
台形の面積 ＝（上底＋下底）×高さ÷2
　　　　　＝ (8 + 16) ×□÷ 2 ＝ 24 ×□÷ 2
　　　　　＝ 24 ×□× $\frac{1}{2}$ ＝ 12 ×□＝ 120

□＝ 120 ÷ 12 ＝ 10
台形の高さと平行四辺形の高さは同じなので
平行四辺形の面積＝底辺×高さ＝ 8 × 10 ＝ 80

答　80cm²

三角形の面積＝底辺×高さ÷2

解説　まずは解説をしっかり読もう！

下の三角形の面積はどちらも、
底辺×高さ÷2 ＝ 10 × 5 ÷ 2 ＝ 25(cm²) です。

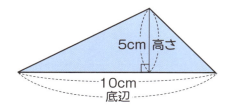
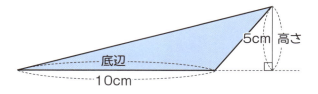

以下、練習で慣れましょう。

練習問題　実践！

1　下の三角形の面積を求めてください。

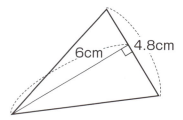

memo

💡 説明のポイント

三角形の面積では、底辺と高さが垂直になっていることを確認しましょう

118

2 ①②の x を求めてください。

①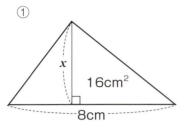

②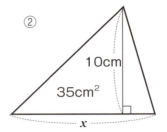

memo

答えは194ページ！

発展問題

例題

長方形 ABCD において、影の部分の面積が 25cm² のとき、AE の長さは何 cm ですか

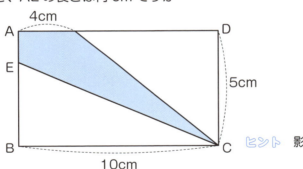

ヒント　影の部分に対角線

答え

まず対角線 AC を結んで、2 つの三角形を作ります。
AE を □cm とすると、2 つの三角形の面積の和は
$4 × 5 ÷ 2 + □ × 10 ÷ 2 = 10 + □ × 5$
という式で求められます。
この面積が 25cm² なので
$10 + □ × 5 = 25$
$□ × 5 = 25 - 10 = 15$
$□ = 15 ÷ 5 = 3$

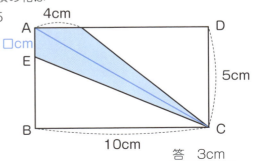

答　3cm

ルール 45 円の面積＝半径×半径×円周率
円周＝直径×円周率
円周率＝3.14

解説 まずは解説をしっかり読もう！

下の円の面積は、円周率を3.14として

半径×半径×円周率＝半径×半径×3.14
　　　　　　　　＝4×4×3.14＝50.24 (cm²)

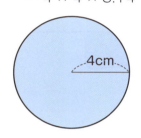

下の円周の長さは、円周率を3.14として

直径×円周率＝直径×3.14
　　　　　＝30×3.14＝94.2 (cm)

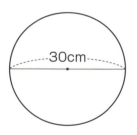

以下、練習で慣れましょう。

☀ 説明のポイント

円の面積は「半径×半径×3.14」円周は「直径×3.14」で覚えましょう

練習問題 実践!

①②の半径を求めてください。ただし、円周率は3.14とします。

memo

答えは194ページ！

発展問題

例題

下の図は、1辺が4cmの正方形の内部に、半円と4分の1の円をかいた図形です。影をつけた部分の面積を求めてください。※円周率は3.14とします。

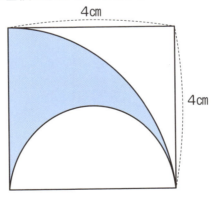

答え

半径が4cmの円の面積の4分の1から
半径が 4÷2＝2（cm）の円の面積の2分の1をひけばよいことがわかります。
4×4×3.14÷4－2×2×3.14÷2
＝12.56－6.28
＝6.28

答 6.28cm²

ルール46

おうぎ形の面積＝円の面積×$\frac{中心角}{360°}$
弧の長さ＝円周の長さ×$\frac{中心角}{360°}$

解説 まずは解説をしっかり読もう！

下のおうぎ形の面積と弧の長さを考えましょう。

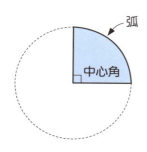

中心角は90°です。

明らかに円の$\frac{1}{4}$になっています。

これは、中心角90°が360°の

$90 \div 360 = \frac{90}{360} = \frac{1}{4}$だからです。

そこで、このおうぎ形の面積と弧の長さは

おうぎ形の面積＝円の面積×$\frac{90}{360}$　　弧の長さ＝円周×$\frac{90}{360}$

です。

中心角が180°なら$\frac{180}{360}$　　　中心角が60°なら$\frac{60}{360}$

中心角がx°なら$\frac{x}{360}$を円の面積や円周にかけます。

以下、練習で慣れましょう。

 説明のポイント

おうぎ形の面積は「半径×半径×3.14×$\frac{中心角}{360°}$」弧の長さは「直径×3.14×$\frac{中心角}{360°}$」が実践的です

122

 実践！

① おうぎ形の面積と弧の長さを求めてください。
② x を求めてください。円周率は 3.14 とします。

① 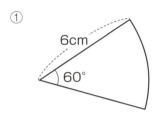 ②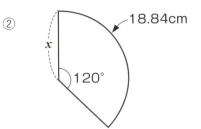

memo

答えは194ページ！

発展問題

例題

下の、大きなおうぎ形の中に小さなおうぎ形が入った図形において、影をつけた部分の面積と周囲の長さを求めてください。円周率は 3.14 とします。

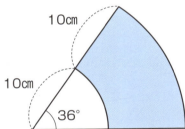

答え

面積は「大きなおうぎ形－小さなおうぎ形」で求めます。

$20 \times 20 \times 3.14 \times \dfrac{36}{360} - 10 \times 10 \times 3.14 \times \dfrac{36}{360}$

$= 125.6 - 31.4 = 94.2$

周囲の長さは「大きなおうぎ形の弧＋小さなおうぎ形の弧＋10（cm）×2」で求めます。

$20 \times 2 \times 3.14 \times \dfrac{36}{360} + (10 \times 2) \times 3.14 \times \dfrac{36}{360} + 20$

$= 12.56 + 6.28 + 20$
$= 38.84$

答　面積は 94.2cm²、周囲の長さは 38.84cm

ルール 47 複雑な面積はいくつかに分けるか、全体から一部をひく

解説 まずは解説をしっかり読もう！

複雑な図形の面積の求め方には2つのやり方があります。いくつかに分けて考える方法と全体からまわりをひく方法です。

以下、例題と練習で慣れましょう。

例題 下の四角形の面積を計算してください。

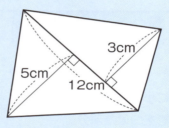

答

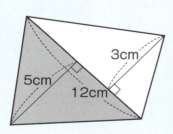

ここではいくつかに分けて考えます。
2つの三角形に分けることにより
$12 × 5 ÷ 2 + 12 × 3 ÷ 2$
$= 30 + 18 = 48$

答　$48cm^2$

 説明のポイント

面積が求めにくいときはいくつかに分けるか、余分な面積を引くことを考えます

例題 下の四角形 ABCD は長方形です。
このとき、四角形 DEFC の面積を計算してください。

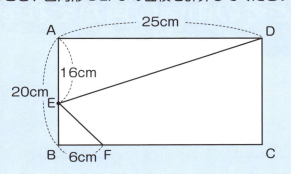

答

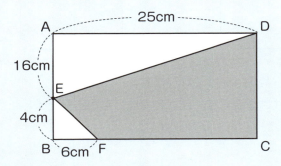

これが全体からまわりを除く方法です。
全体は長方形 ABCD、まわりは三角形 ADE と三角形 EBF です。

四角形 DEFC ＝長方形 ABCD －三角形 ADE －三角形 EBF
　　　　　＝ 20 × 25 － 16 × 25 ÷ 2 － 4 × 6 ÷ 2
　　　　　＝ 500 － 200 － 12 ＝ 288

答　288cm²

練習問題 実践！

① ② の塗りつぶした部分の面積を求めてください。円周率は 3.14 です。

①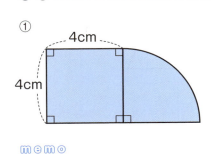

②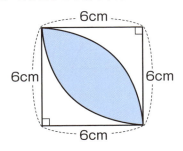

memo

答えは195ページ！

125

ルール 48

三角形の合同条件は
① 3辺がそれぞれ等しい
② 2辺とその間の角がそれぞれ等しい
③ 1辺とその両端の角がそれぞれ等しい

解説 まずは解説をしっかり読もう！

合同な図形は、下図のようにぴったりと重ね合わせることができる図形です。

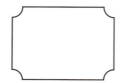 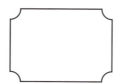

当然、対応する辺の長さや角は等しくなります。
とくに三角形の合同条件は重要です。図を参考にしながら覚えましょう。

① 3辺がそれぞれ等しい

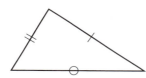 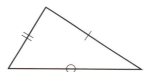

② 2辺とその間の角度がそれぞれ等しい

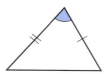 

② 1辺とその両端（りょうたん）の角がそれぞれ等しい

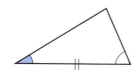 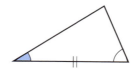

☀ 説明のポイント

三角形の合同条件は「3辺が〜」「2辺と〜」「1辺と〜」と出だしを覚えておくと暗記が楽です

練習問題 実践！

（　）をうめてください。

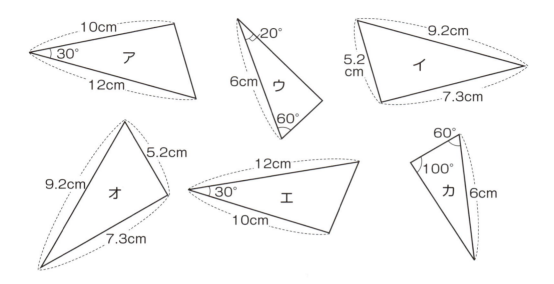

① 合同な三角形はアと（　）合同条件は（　　　　）
② ウと（　）合同条件は（　　　　）
③ イと（　）合同条件は（　　　　）

memo

答えは195ページ！

ルール49

拡大図と縮図の性質
① 対応する角の大きさはそれぞれ等しい
② 対応する辺の長さの比はすべて等しい
③ 相似比a：b ⇔ 面積比a×a：b×b

解説 まずは解説をしっかり読もう！

まず拡大図と縮図とは何か説明します。

身近なところでは写真を撮ったとき、気に入った写真を大きく引きのばすことがあります。

このとき、右側の大きくした写真が拡大図
左側の写真が大きくした写真の縮図です。

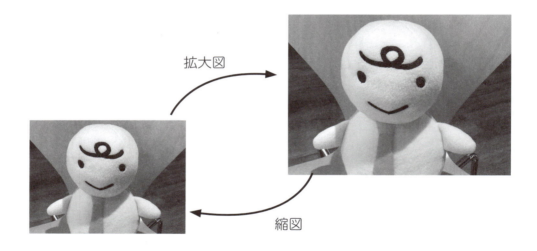

説明のポイント

拡大図と縮図では、対応する角と対応する辺の比は等しくなります

拡大図と縮図は同じ形ですから当然
対応する角の大きさはそれぞれ等しくなる。そして
(下図では角ア＝角エ　角イ＝角オ　角ウ＝角カ)
対応する辺の長さの比もすべて等しくなる。
(下図では辺アイ：辺エオ＝辺イウ：辺オカ＝辺ウア：辺カエ) という性質があります。

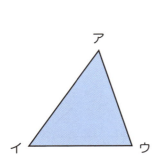
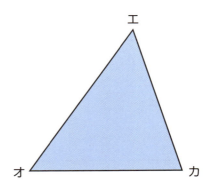

　下図では対応する辺の比（＝相似比といいます）が２：３です。このとき、面積の比を考えましょう。

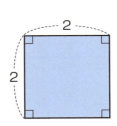
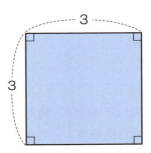

面積の比は、２×２：３×３です。このように
相似比がａ：ｂのとき、面積比はａ×ａ：ｂ×ｂという性質があります。
以下、練習で慣れましょう。

129

1. 下の三角形アイウは三角形エオカの拡大図です。
   このとき、①② に答えてください。
   ① 三角形エオカで角イと同じ大きさなのはどの角ですか。
   ② 辺アイの長さは何 cm ですか。

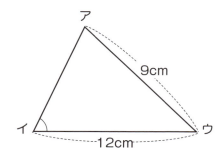
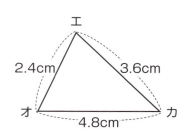

2. 下の三角形アイウは三角形エオカの縮図です。
   そして面積比が 4：9 です。
   このとき、①②に答えてください。
   ① 三角形アイウと三角形エオカの相似比
   ② エオの長さ

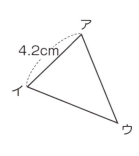
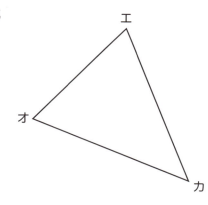

答えは195ページ！

ルール 50 三角形の高さが共通なら面積比は底辺の長さの比

解説 まずは解説をしっかり読もう！

下図の2つの三角形AとBの面積比を考えます。

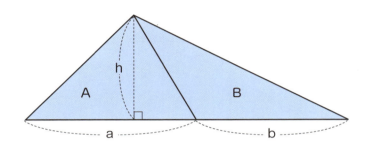

三角形の面積＝底辺×高さ÷2 だから

三角形A＝a×h÷2 　　　三角形B＝b×h÷2

三角形A：三角形B＝（a×h÷2）：（b×h÷2）
　　　　　　　　＝（a×h）：（b×h）
　　　　　　　　＝a：b

このように、高さが共通（ここではh）の三角形の面積比は、底辺の長さの比（ここではa：b）になります。

以下、練習で慣れましょう。

説明のポイント

高さが共通の三角形では、底辺の比が面積の比になります

1 三角形アイエの面積が30cm²のとき、三角形アエウの面積を求めてください。
ただし、辺イエ：辺エウ＝6：5です。

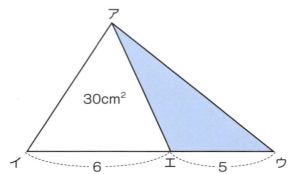

memo

---

2 三角形アイウの面積が80cm²のとき、三角形アイエの面積を求めてください。
ただし、辺イエ：辺エウ＝3：2です。

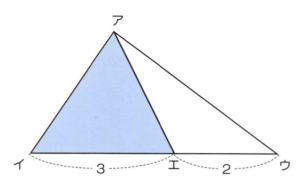

memo

答えは196ページ！

ルール 51 　N角形の対角線の数は (N−3)×N÷2

解説　まずは解説をしっかり読もう！

6角形に対角線をひいて、何本あるのか調べてみましょう。
まず、Aからは対角線が3本ひけます。

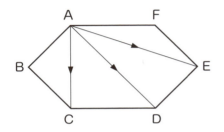

Aからひけるのは A，B，C，D，E，F の6つの頂点のうち A，B，F の3つの頂点を除いた C，D，E に対してです。
(6−3) 本ひけます。

Dから対角線をひくとこの場合も (6−3) 本ですが、そのうち1本はAからの対角線とダブります。

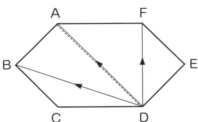

結局1つの頂点から (6−3) 本ひけて
頂点が6個ですから (6−3)×6 としたいところですが
そうすると A⇒D と D⇒A ………をダブって
数えますから (6−3)×6÷2 で計算します。
答えは9本です。

・・・・・ 説明のポイント ・・・

N角形の対角線の公式を忘れたら、1つの頂点から引ける対角線の数を考えます

8角形の対角線は、1つの頂点から (8 − 3) 本ひけるので
全部で (8 − 3) × 8 ÷ 2 = 20 (本) ひけます。

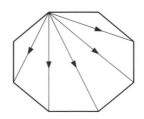

9角形、10角形………も同じ考え方でできますから
N角形の対角線の数は (N − 3) × N ÷ 2 で求められます。
以下、練習で慣れましょう。

1 9角形の対角線の数および12角形の対角線の数を求めてください。
memo

---

2 対角線が14本ひけるのは何角形でしょうか。
memo

答えは197ページ！

第 **6** 章

立体図形に強くなる
解き方のルール

ルール 52 　角柱・円柱の体積 ＝底面積×高さ

解説 まずは解説をしっかり読もう！

角柱・円柱の体積＝底面積×高さです。
以下、例題と練習で慣れましょう。

 例題 右の直方体の体積を求めてください。

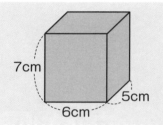

 答
角柱の体積＝底面積×高さ
　　　　　＝(6 × 5) × 7
　　　　　＝ 30 × 7 ＝ 210

答　210cm³

 例題 右の円柱の体積を求めてください。
（円周率は 3.14 です）

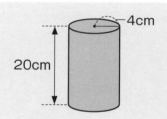

 答
円柱の体積＝底面積×高さ
　　　　　＝(4 × 4 × 3.14) × 20
　　　　　＝ 50.24 × 20
　　　　　＝ 1004.8

答　1004.8cm³

 説明のポイント

角柱でも円柱でも、柱の体積は底面積に高さをかけて求めます

 実践！

1 ①②の角柱の体積を求めてください。

①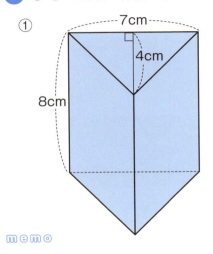

②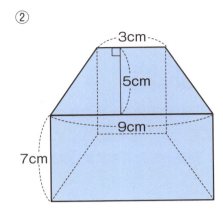

2 下の円柱の高さを求めてください。（円周率は3.14です）

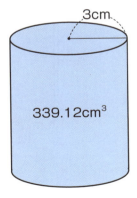

答えは197ページ！

ルール53 角柱・円柱の表面積＝底面積×２＋側面積

解説 まずは解説をしっかり読もう！

　角柱・円柱の表面積＝底面積×２＋側面積　ですが、これを覚えるより、そのつど展開図をかいて考えるのがいい方法です。

　以下、例題と練習で慣れましょう。

例題　右の角柱の表面積を求めてください。

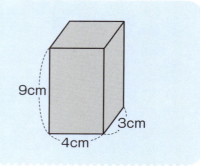

答　展開図をかきます。

底面積＝３×４＝12
側面の横＝底面の周
　　　　＝３×２＋４×２＝14
側面積＝縦×横
　　　＝９×14＝126
表面積＝底面積×２＋側面積
　　　＝12×２＋126
　　　＝150

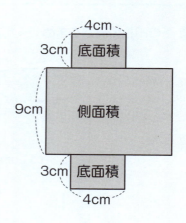

答　150cm²

 説明のポイント

角柱・円柱の表面積では側面積は「１つ」です、しかし底面積は「２つ」あるので注意してください

138

 実践！

1 下の円柱の表面積を求めてください。（円周率は 3.14 です）

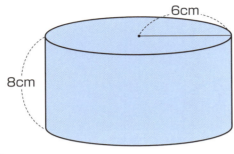

memo

答えは198ページ！

発展問題

例題

半径が 10cm で高さが 8cm の円柱の上に、半径が 2cm で高さが 6cm の円柱が乗った立体図形があります。
この図形の表面積を求めてください。
円周率は 3.14 です。

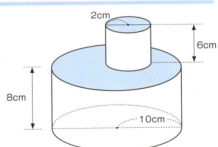

答え

底面積が

だから表面積は

= 6 × (2 × 2) × 3.14 +
　10 × 10 × 3.14 × 2 + 8 × (10 × 2) × 3.14
= 3.14 × (24 + 200 + 160)
= 3.14 × 384 = 1205.76

答　1205.76cm²

54 角すい・円すいの体積 = 底面積×高さ×$\frac{1}{3}$

 まずは解説をしっかり読もう！

角すい・円すいの体積＝底面積×高さ×$\frac{1}{3}$ です。
以下、例題と練習で慣れましょう。

 右の四角すいの体積を求めてください。

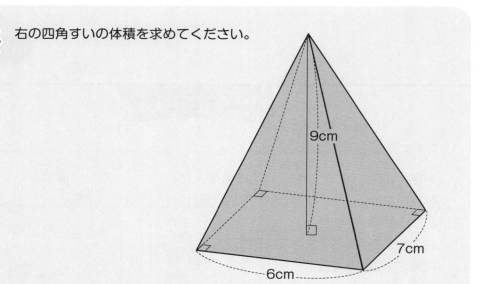

四角すいの体積＝底面積×高さ×$\frac{1}{3}$
　　　　　＝$(6 × 7) × 9 × \frac{1}{3}$
　　　　　＝$42 × 9 × \frac{1}{3} = 126$

答　126cm³

・・・・・ 説明のポイント ・・・・・

角錐の体積は角柱の体積の $\frac{1}{3}$、円錐の体積は円柱の体積の $\frac{1}{3}$ と理解しておけば、公式を忘れても大丈夫です

 実践！

1 下の円すいの体積を求めてください。
（円周率は 3.14 です）

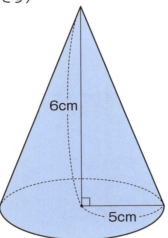

memo

---

2 下の円すいの高さを求めてください。
（円周率は 3.14 です）

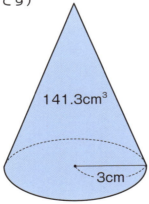

memo

答えは198ページ！

ルール 55 角すい・円すいの表面積 ＝底面積＋側面積

解説 まずは解説をしっかり読もう！

角すい・円すいの表面積＝底面積＋側面積ですが、これを覚えるよりも、そのつど展開図をかいて考えるのがいい方法です。

以下、例題と練習で慣れましょう。

例題 右の正四角すいの表面積を求めてください。

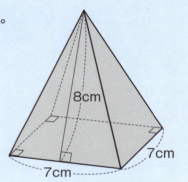

答 展開図をかきます。

底面積＝ 7 × 7 ＝ 49
ひとつの側面の面積＝ 7 × 8 ÷ 2 ＝ 28
側面積はこの 4 倍で 28 × 4 ＝ 112
四角すいの表面積＝底面積＋側面積
　　　　　　　　＝ 49 ＋ 112 ＝ 161

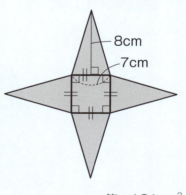

答　161cm²

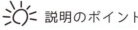 説明のポイント

円錐の側面は展開図だとおうぎ形です、角錐の側面は、展開図だといくつかの三角形になります

 実践!

① 下の円すいの表面積を展開図を参考にして求めてください。
（円周率は 3.14 です）

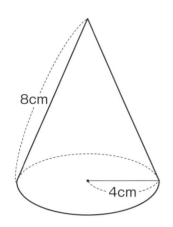
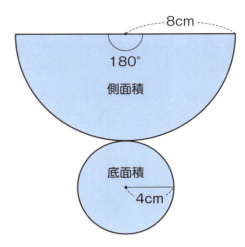

memo

答えは199ページ！

ルール56 円すいの応用問題は側面の弧＝底面の円周で解く

解説

まずは解説をしっかり読もう！

　円すいの応用問題とは、側面となるおうぎ形の半径や中心角、それから底面の半径などを求める問題です。このとき、ポイントは下図のように「側面となるおうぎ形の弧＝底面の円周」となることです。

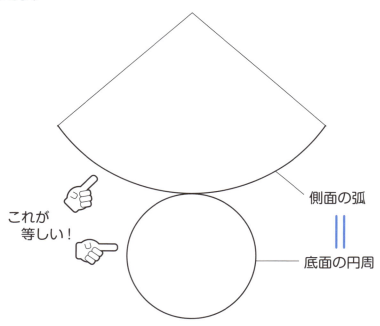

以下、例題と練習で慣れましょう。

説明のポイント

円錐では「側面のおうぎ形の弧の長さが、底面の円周」ということに着目すると応用問題が解けます

例題 右の円すいの展開図をかいたとき、側面のおうぎ形の中心角は何度でしょうか。
（円周率は 3.14 です）

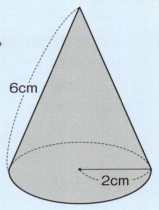

答 展開図をかきます。
図で側面となるおうぎ形の中心角を $x°$ とします。

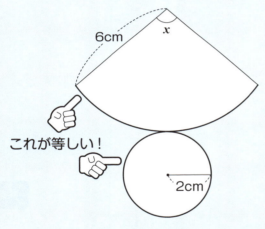

これが等しい！

おうぎ形の弧（の長さ）＝ $6 × 2 × 3.14 × \dfrac{x}{360} = \dfrac{3.14 × x}{30}$

底面の円周 ＝ $2 × 2 × 3.14 = 12.56$

おうぎ形の弧＝底面の円周だから

$\dfrac{3.14 × x}{30} = 12.56$

$x = 12.56 ÷ \dfrac{3.14}{30} = 12.56 × \dfrac{30}{3.14} = 120$

答　120°

1 右の円すいの展開図をかいたとき、側面となるおうぎ形の中心角は180°でした。このとき底面の半径は何cmでしょうか。
（円周率は3.14です）

memo

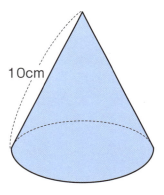

答えは199ページ！

ルール57 複雑な体積はいくつかに分けるか、全体から一部をひく

まずは解説をしっかり読もう！

複雑な立体の体積の求め方には2つの方法があります。
「いくつかに分けて考える方法」と「全体から一部をひく方法」です。
以下、例題と練習で慣れましょう。

右の立体の体積を求めてください。

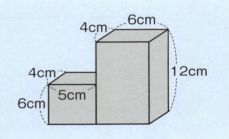

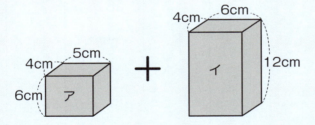

ここでは、直方体アとイに分けて考えます。
アの体積＝底面積×高さ＝ 4 × 5 × 6 ＝ 120
イの体積＝底面積×高さ＝ 4 × 6 × 12 ＝ 288
求める体積＝アの体積＋イの体積
＝ 120 ＋ 288 ＝ 408

答　408cm³

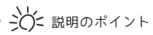 説明のポイント

体積が求めにくいときは、いくつかに分けるか余分な体積を引くことを考えます

下の色のついた部分の体積を求めてください。

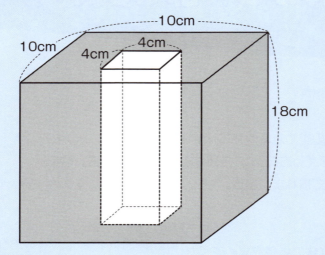

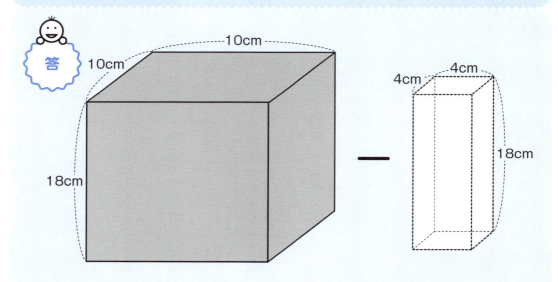

ここでは全体（外側の角柱）から一部（内側の角柱）をひきます。

10 × 10 × 18 − 4 × 4 × 18
= 1800 − 288 = 1512

答　1512cm³

❶ 下の立体の体積を求めてください。
（円周率は 3.14 です）

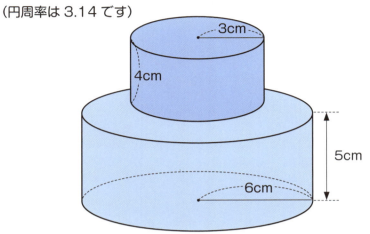

memo

❷ 下の色のついた部分の体積を求めてください。
（円周率は 3.14 です）

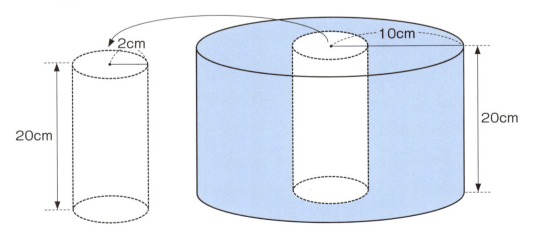

memo

答えは199ページ！

第 **7** 章

ともなって変わる量が
いとも簡単にできてしまう
解き方のルール

ルール58　xとyが比例するとき　$y = a \times x$

解説　まずは解説をしっかり読もう！

比例とは、たとえば「1個80円のケーキの個数と代金」のような関係です。

2個の代金は1個の2倍、3個の代金は1個の3倍……であるように、ここでは一方が2倍、3倍……となれば他方も2倍、3倍……となる性質が生じます。このとき1個で80円、2個で160円……ですから**代金＝80×個数**です。**代金をy、個数をxとすると**
$y = 80 \times x$ です。

もうひとつ見てみましょう。時速40kmで進む自動車の走った時間と道のりの関係です。1時間で40km、2時間で80km……ですから
道のり＝40×時間です。**時間をx、道のりをyとすると**
$y = 40 \times x$ です。

以上のように、ともなって変わる量xとyが比例するとき、$y = 80 \times x$、$y = 40 \times x$……のような式になります。80や40などの**数字部分はそのつど変わりますから、これをaで表すと$y = a \times x$と表せます。**

2つの量が比例するとき、反射的に$y = a \times x$とする、これが比例の問題を解くポイントです。

以下、例題と練習で慣れましょう。

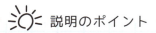　説明のポイント

2つの量が比例するときには、反射的に「$y = a \times x$」という式を使えるようにします

例題

自動車が消費するガソリンの量と走行する距離(きょり)は比例します。
2.5Lで20km走る自動車について①②③に答えてください。

① ガソリンの量を x (L)、走行距離を y (km)とするとき、x と y の関係を式に表してください。
② 12Lで走行できる距離を求めてください。
③ 走行距離が48kmのとき、消費したガソリンは何Lですか。

答

① x と y は比例するから $y = a \times x$ とします。
　$x = 2.5$ のとき、$y = 20$
　これを、$y = a \times x$ に代入します。
　$20 = a \times 2.5 \Rightarrow a = 20 \div 2.5 = 8$
　よって　$y = 8 \times x$

答　$y = 8 \times x$

② $y = 8 \times x$ の x に12を代入します。
　$y = 8 \times 12 = 96$

答　96km

③ $y = 8 \times x$ の y に48を代入します。
　$48 = 8 \times x$
　$x = 48 \div 8 = 6$

答　6L

 練習問題　 実践!

① 50本で480gのくぎがあります。このくぎ28.8kgの本数は何本でしょうか。ただし、くぎの本数と重さは比例します。

memo

第7章　ともなって変わる量がいとも簡単にできてしまう　解き方のルール

答えは200ページ!

ルール59 xとyが反比例するとき $y = a \div x$

解説 まずは解説をしっかり読もう！

　反比例とは、たとえば100冊のノートを何人かで分けるときの人数と1人分の冊数のような関係です。

　2人のときの1人分の冊数（50冊）は、1人のときの$\frac{1}{2}$倍、4人のときの1人分の冊数（25冊）は1人のときの$\frac{1}{4}$倍……となります。

　これは一方が2倍、3倍……になれば他方は$\frac{1}{2}$倍、$\frac{1}{3}$倍……になるような性質であると言えます。このとき、

1人で100冊、2人で50冊、4人で25冊……ですから

1人分の冊数＝ 100 ÷ 人数です。

1人分の冊数をy、人数をxとすると、$y = 100 \div x$です。

　ノートが200冊の場合、$y = 200 \div x$です。

　以上のように、伴って変わる量xとyが反比例するとき、$y = 100 \div x$、$y = 200 \div x$……のような式になります。100や200などの数字部分はそのつど変わりますからこれをaで表すと、$y = a \div x$と表せます。

　2つの量が反比例するとき、反射的に$y = a \div x$とする、これが反比例の問題を解くポイントです。

　以下、例題と練習で慣れましょう。

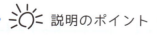 説明のポイント

2つの量が反比例するときには、反射的に「$y = a \div x$」という式を出せるようにします

例題　水そうに水を入れるとき、1分間に入れる水の量 *x*L といっぱいになるまでの時間 *y* 分は反比例します。1分間に 2L ずつ入れると 24 分でいっぱいになる水そうについて、①②③に答えてください。

① *x* と *y* の関係を式に表してください。

② 1分間に 3L ずつ入れるとき、いっぱいになるまでの時間を求めてください。

③ いっぱいになるまでの時間が 12 分のとき、1分間に何 L ずつ入れたのでしょうか。

① *x* と *y* は反比例するから　*y* = a ÷ *x* とします。
　　x = 2 のとき、*y* = 24
　　これを、*y* = a ÷ *x* に代入します。
　　24 = a ÷ 2 ⇒ a = 24 × 2 = 48
　　よって　*y* = 48 ÷ *x*

答　*y* = 48 ÷ *x*

② *y* = 48 ÷ *x* の *x* に 3 を代入します。
　　y = 48 ÷ 3 = 16

答　16 分

③ *y* = 48 ÷ *x* の *y* に 12 を代入します。
　　12 = 48 ÷ *x*
　　x = 48 ÷ 12 = 4

答　4L

 練習問題 実践！

1 決まった広さをペンキで塗る作業があります。そして1日あたりの人数と仕上がるまでの日数は反比例します。1日あたり 3人働くと 24 日かかるとき、①②③に答えてください。

① 1日あたり *x* 人のとき、*y* 日かかるとして *x* と *y* の関係を式に表してください。

② 1日あたり 8人のとき仕上がるまでの日数を求めてください。

③ 仕上がるまでの日数が 12 日のとき、1日あたり何人働くのでしょうか。

memo

答えは200ページ！

グラフは点でかく、点で読む

解説 まずは解説をしっかり読もう！

グラフは点をいくつかとって、それを結んでかきます。

点のとり方は、地図をかく要領です。

たとえば、$y = 2 \times x$ のグラフでは $x = 1$ で $y = 2$ に対して、1丁目2番地と思って中央の0点から1丁目で右に1つ、2番地でそこから上に2つ行った A 点をとります。

$x = 2$ で $y = 4$ に対して、2丁目4番地と思って中央の0点から2丁目で右に2つ、4番地でそこから上に4つ行った B 点をとります。

このようにして、点をとってそれを結べば、下のように $y = 2 \times x$ のグラフがかけます。

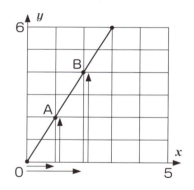

そして、すでにかかれたグラフが与えられた問題の場合、グラフ上の点を同じ要領で読みとって解決します。

以下、例題と練習で慣れましょう。

 説明のポイント

線は点の集まりなので、グラフでは点を取ってかき、点を読みます

例題 下のグラフは工作用紙の枚数と重さの関係を表しています。このグラフをもとに①②に答えてください。

① x と y の関係を式に表してください。

② 重さが 7560 g のときの枚数を求めてください。

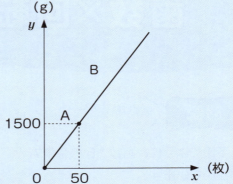

① x と y は比例するから $y = a \times x$ とします。
　$x = 50$ のとき、$y = 1500$
　これを、$y = a \times x$ に代入します。
　（1500　50）
　$1500 = a \times 50 \Rightarrow a = 1500 \div 50 = 30$
　よって　$y = 30 \times x$

　答　$y = 30 \times x$

② $y = 30 \times x$ の y に 7560 を代入します。
　（7560）
　$7560 = 30 \times x$
　$x = 7560 \div 30 = 252$

　答　252 枚

 練習問題 実践!

1 下のグラフは面積が一定の長方形の縦の長さ x cm と横の長さ y cm の関係を表しています。

① x と y の関係を式に表してください。

② 横の長さが 4cm のときの縦の長さを求めてください。

memo

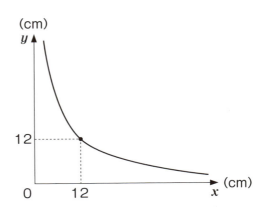

答えは201ページ！

ルール 61 歯車では歯数×回転数が等しい

解説 まずは解説をしっかり読もう！

下図のように、歯数16の歯車Aと、歯数8の歯車Bがかみ合っています。歯には番号がついています。

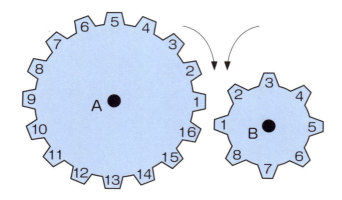

Aの何番の歯とBの何番の歯がかみ合うか調べると下のようになりました。

B 1 2 3 4 5 6 7 8 1 2 3 4 5 6 7 8　　1 2 3 4 5 6 7 8 1 2 3 4 5 6 7 8
A 1 2 3 4 5 6 7 8 9 10 11 12 13 14 15 16　　1 2 3 4 5 6 7 8 9 10 11 12 13 14 15 16

これによると、Bの歯車が2回転するとき、Aの歯車は1回転です。かみ合う歯の数がBでは、8×2＝16、Aでは16×1＝16で等しくなります。

💡 説明のポイント

2つの歯車がかみ合う時、それぞれ1個ずつの歯が噛み合っているので「歯の数×回転数」が等しくなります

Aの歯車が2回転するときBの歯車は4回転です。かみ合う歯の数がAでは、16×2＝32、Bでは8×4＝32で等しくなります。

結果として**歯数×回転数（＝かみ合う歯の数）が等しくなる**のです。
以下、例題と練習で慣れましょう。

歯数40の歯車Aと、歯数25の歯車Bがかみ合っています。Bが16回転するとき、Aは何回転するでしょうか。

歯数×回転数（＝かみ合う歯の数）が等しくなります。
Aの回転数を x 回とすると
$40 \times x = 25 \times 16$
$40 \times x = 400$
$x = 400 \div 40 = 10$

答　10回転

　実践！

1 歯数64の歯車Aと、歯数8の歯車Bと歯数16の歯車Cが下図のようにかみ合っています。Aが8回転するときCは何回転するでしょうか。

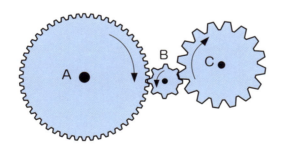

memo

答えは201ページ！

第**8**章

場合の数を迷わず
正確に求める
解き方のルール

ルール62 並べ方は樹形図をかいて考える

解説 まずは解説をしっかり読もう！

このタイプの問題には「並べ方」のほかに間違えやすい「組み合わせ方」というものがあります。

本題に入る前に、まずこの2つの区別をはっきりさせましょう。

たとえば、A、B、Cの3人から店長とチーフを1人ずつ選ぶのが並べ方。A、B、Cの3人からチーフを2人選ぶのが組み合わせ方です。

それぞれ何通りか見てみましょう。

店長とチーフを1人ずつ選ぶ場合

```
店長        チーフ         店長    チーフ
        ┌── B ………… ( A,    B )
   A ───┤
        └── C ………… ( A,    C )

        ┌── A ………… ( B,    A )
   B ───┤
        └── C ………… ( B,    C )

        ┌── A ………… ( C,    A )
   C ───┤
        └── B ………… ( C,    B )
```

このように6通りです。これが「並べ方の数」です。
並べ方は枝分かれする図（＝樹形図）をかけば簡単に数えることができます。

💡 **説明のポイント**

並べ方の数を、速く正確に数えるための便利グッズが樹形図です

一方でチーフ２人を選ぶ場合は（ＡとＢ）（ＡとＣ）（ＢとＣ）の３通りです。これが「組み合わせ方の数」です。

並べ方と組み合わせ方の違いははっきりしました。
以下、例題と練習を通して並べ方の数え方に慣れましょう。

1 3 5 の３枚のカードを並べて３けたの整数を作るとき、全部で何通りできますか。

樹形図をかきます。

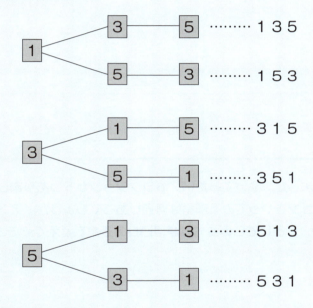

樹形図より６通りです。

先頭が 1 の場合だけ図をかいて数えて２通り
先頭が 3 5 の場合も同様だから
全体では、２×３＝６（通り）
このように計算することもできます。

答　６通り

① A B C D の4枚のカードから、3枚取り出して並べる並べ方は全部で何通りあるでしょうか。

先頭が A の場合だけ樹形図で数えて、あとは計算で求めてください。

memo

---

② 遊園地に行きました。やってみたいアトラクションが5つありました。この5つのアトラクションをやってみる順番は何通りあるでしょうか。アトラクションをA，B，C，D，Eとしてこの並べ方が何通りあるかで考えてください。

memo

答えは202ページ！

ルール 63

たくさん選ぶ場合は選ばれないほうを考えてみる

解説 まずは解説をしっかり読もう！

例として A B C D の4枚のカードから2枚取り出す組み合わせ方の数を数えてみましょう。

A から順番に数えていきます。

（ A と B ）（ A と C ）（ A と D ）

次はBですが、（ B と A ）は（ A と B ）と同じだから数えません。（ B と C ）（ B と D ）

次はCです。（ C と D ）以上の6通りです。

このように順番に数えていきます。

では、 A B C D の4枚のカードから3枚取り出す組み合わせ方の数はどうでしょうか？

順番に数えてもいいのですが、4枚から3枚選ぶ＝4枚のうち1枚を選ばないと発想の転換をして選ばない1枚に着目すると簡単です。

A を選ばないことで（ B C D ）

B を選ばないことで（ A C D ）

C を選ばないことで（ A B D ）

D を選ばないことで（ A B C ）以上の4通りです。

このように、たくさん選ぶ場合は「選ばれないほう」を考えてみるのがうまい方法です。

以下、例題と練習で慣れましょう。

╌╌╌╌ ☀ **説明のポイント** ╌╌╌╌╌╌╌╌╌╌╌╌╌╌╌╌╌╌╌╌╌╌╌╌╌╌╌╌╌╌╌╌╌

選ぶ場合が多くて大変そうな場合は「そうでない場合」に着目します

例題 1 2 3 4 5 の5枚のカードの中から4枚のカードを取り出す組み合せは全部で何通りあるでしょうか。

 答 そのまま数えると大変です。
5枚から4枚選ぶ＝5枚から1枚を選ばない方法を使います。

1 を選ばないことで（ 2 3 4 5 ）
2 を選ばないことで（ 1 3 4 5 ）
3 を選ばないことで（ 1 2 4 5 ）
4 を選ばないことで（ 1 2 3 5 ）
5 を選ばないことで（ 1 2 3 4 ）

答　5通り

 練習問題

❶ a，b，c，d，e，f，gの7人から5人を選ぶ組み合わせ方は何通りでしょうか。

memo

答えは202ページ！

166

Nチームの総あたり戦の試合数はN×(N−1)÷2

解説

まずは解説をしっかり読もう！

総あたり戦は「リーグ戦」ともいいます。
試合数がどうなるのか、そのしくみをA、B、Cの3チームの総あたり戦で考えましょう。
対戦表は下の通りです。

	A	B	C
A		A−B	A−C
B	B−A		B−C
C	C−A	C−B	

実際にはこの試合が行われます

Aは、BとCと戦うので2試合
Bは、AとCと戦うので2試合
Cは、AとBと戦うので2試合
そこで、3チーム×2試合＝6試合となりますが
上図より実際に行われるのはこの半分です。
つまり、試合総数＝**チーム数×各チームの対戦数÷2**で計算します。
Nチームの場合はN×(N−1)÷2で計算します。
以下、例題と練習で慣れましょう。

説明のポイント

N個のチームの総当たり戦では、各チームは(N−1)回戦います。
試合数はN×(N−1)でしょうか？ いえ、ダブるので÷2をします

A，B，C，Dの4チームが総あたり戦をするとき、試合数は何試合になるでしょうか。

ＡＢＣＤの4チームのリーグ戦の対戦表は下の通りです。

	A	B	C	D
A		A−B	A−C	A−D
B	B−A		B−C	B−D
C	C−A	C−B		C−D
D	D−A	D−B	D−C	

実際にはこの試合が行われます

Ｎチームの試合数は、N×(N−1)÷2 だから
4×(4−1)÷2＝6

答　6試合

① 何チームかでサッカーのリーグ戦をしたところ、試合数は36試合になりました。リーグ戦に参加したのは何チームでしょうか。

memo

答えは203ページ！

168

ルール 65 Nチームの勝ち抜き戦の試合数はN−1

解説 まずは解説をしっかり読もう！

勝ち抜き戦はトーナメント戦ともいいます。

試合数がどうなるか、そのしくみをA, B, C, Dの4チームの勝ち抜き戦で考えましょう。下は試合結果の一例です。

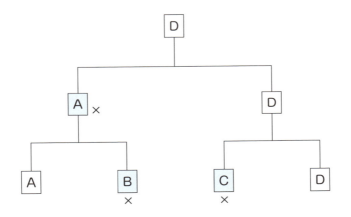

図によると、この場合の試合数は3試合ですが、これは敗退する3チーム B C A の数と見ることができます。

4チームの場合の試合数は、敗退するチーム数だから、(4−1) 試合

5チームの場合の試合数は、敗退するチーム数だから、(5−1) 試合

結局、Nチームの場合の試合数は敗退するチーム数で (N−1) 試合です。

以下、例題と練習で慣れましょう。

・・・・・ 説明のポイント ・・・・・

勝ち抜き戦では何チームが負けていなくなるかを考えます。それが試合数です

例題 100チームがトーナメント戦で優勝を争いました。引き分けはないものとして、何試合しなければならないでしょうか。

答 敗退するチーム数を求めます。
Nチームの場合（N − 1）チームですから
100チームの場合、100 − 1 = 99

答　99試合

 実践!

① 何チームかで勝ち抜き戦を行ったところ、優勝が決まるまでに55試合が行われました。何チームが参加したのでしょうか。

memo

答えは203ページ！

答えと解説

第1章 計算が速くてうまくなる解き方のルール

ルール 1 かけ算とわり算は面積図を使う　　14ページ

1 ① 右図より　$x = 42 ÷ 7 = 6$　② 右図より　$x = 306 ÷ 18 = 17$

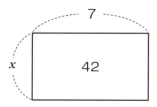 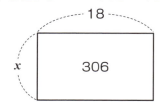

③ 右図より　$x = 15 × 23 = 345$

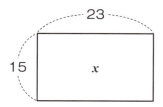

2 下図より　個数＝合計÷平均
　　　　　　合計＝平均×個数

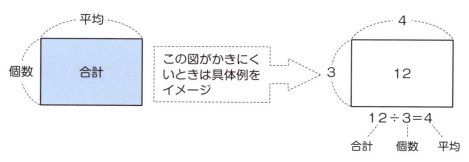

ルール 2 たし算とひき算は線分図を使う　　16ページ

1 ① 下図より　$x = 42 - 7 = 35$

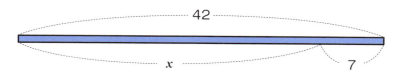

② 下図より　$x = 106 - 43 = 63$

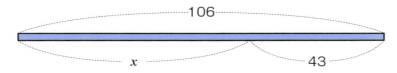

③ 下図より　$x = 23 + 98 = 121$

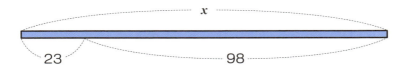

2 下図より　売値＝原価＋利益
　　　　　　　原価＝売値－利益

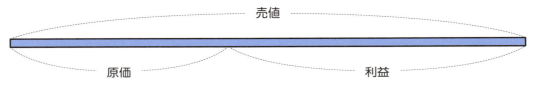

科　目	売　値	原　価	利　益
ハンカチ	780	540	240
ティッシュ	450	327	123
電　池	1323	1245	78

ルール
3　方程式は線分図と面積図を組み合わせる　　18ページ

1

図より　$12 \times x = 85 - 1 = 84$

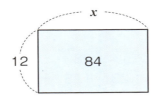

図より　$x = 84 \div 12 = 7$

答　$x = 7$

2 $x × 8 + 800 × 5 = 5120$

図より　$x × 8 = 5120 - 4000 = 1120$

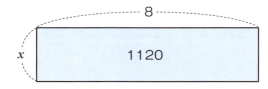

図より　$x = 1120 ÷ 8 = 140$　　　　　　　　　　　答　140 円

---

3 $5 × x + 35 = 280$

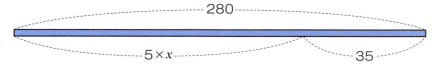

図より　$5 × x = 280 - 35 = 245$

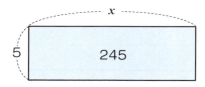

図より　$x = 245 ÷ 5 = 49$　　　　　　　　　　　答　49 人

ルール

4　□×△+□×○=□×(△+○)
　　　□×△-□×○=□×(△-○)　　　　　　20ページ

① $23 × 40 - 3 × 40 = (23 - 3) × 40$
　　　　　　　　　$= 20 × 40 = 800$

② $8.2 × 15 - 2.2 × 15 = (8.2 - 2.2) × 15$
　　　　　　　　　　$= 6 × 15 = 90$

③ $25 × 1.23 + 75 × 1.23 = (25 + 75) × 1.23$
　　　　　　　　　　　$= 100 × 1.23 = 123$

④ $8.4 × 20 - 4.4 × 20 = (8.4 - 4.4) × 20$
　　　　　　　　　$= 4 × 20 = 80$

ルール 5 約数は両側からかきあげる | 22ページ

① 1, 2, 3, 5, 6, 10, 15, 30 より 8 こ
② 1, 2, 3, 4, 6, 8, 9, 12, 18, 24, 36, 72 より 12 こ
③ 1, 2, 3, 4, 6, 8, 12, 16, 24, 48 より 10 こ
④ 1, 2, 3, 4, 6, 8, 12, 16, 24, 32, 48, 64, 96, 192 より 14 こ

ルール 6 公約数は小さい数でチェックする | 24ページ

1
① 6の約数 1, 2, 3, 6 でチェックして (1, 3)
② 20の約数 1, 2, 4, 5, 10, 20 でチェックして (1, 5)
③ 21の約数 1, 3, 7, 21 でチェックして (1, 3, 7, 21)
④ 16の約数 1, 2, 4, 8, 16 でチェックして (1, 2, 4)
⑤ 4の約数 1, 2, 4 でチェックして (1, 2, 4)
⑥ 9の約数 1, 3, 9 でチェックして (1, 3)

2 正方形だから、縦方向、横方向ともに同じ間隔で切っていきます。
結局同じ間隔（＝正方形の1辺）は 54 と 90 の公約数です。
公約数は、小さいほう 54 の約数 1, 2, 3, 6, 9, 18, 27, 54
でチェックすると (1, 2, 3, 6, 9, 18) です。
できるだけ大きな正方形だから、18

答 18cm

ルール 7 公倍数は大きい数でチェックする | 26ページ

1
① 大きい数 5 の倍数でチェック
5 10 15 **20** 25 30 35 **40** 45 50 55 **60** より
答 (20, 40, 60)

② 大きい数 9 の倍数でチェック
9 18 27 36 **45** 54 63 72 81 **90** 99 108 117 126 **135**
より
答 (45, 90, 135)

2 正方形だから、縦方向、横方向とも同じ長さにします。
そこで、正方形の1辺は 15 と 12 の公倍数です。公倍数は大きい
数 15 の倍数でチェックします。
15 ？　30 ？　45 ？　60 ？　より最小の公倍数は 60 です。
タイルの枚数は、縦方向に 60 ÷ 15 = 4
横方向に 60 ÷ 12 = 5 だから、4 × 5 = 20 です。

答 60cm　20 枚

ルール
8 がい数はひとつ下を四捨五入する　　28ページ

1 ① 900　② 7000　③ 34000　④ 70000

2 ① 53000　② 6700　③ 630000　④ 8800000

3 384000km

ルール
9 がい算は、がい数にしてから行う　　30ページ

1 5 2 3 2 9 → 百の位 3 を四捨五入して、52000
　　6 7 8 0 9 → 百の位 8 を四捨五入して、68000
がい数にした2つの数をたして和を求めます。
52000 + 68000 = 120000
答　約120000個

2 1580 → 1600　　560 → 600　　1430 → 1400
　　1600 + 600 + 1400 = 3600
答　およそ3600円

ルール
10 小数→分数は、整数÷（10？　100？……）を考える　　32ページ

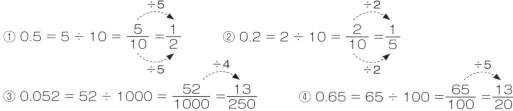

ルール
11 小数と分数がまざった計算では小数を分数に変える　　34ページ

1 ① $\frac{1}{5} + 0.25 = \frac{1}{5} + \frac{25}{100} = \frac{1}{5} + \frac{1}{4} = \frac{4}{20} + \frac{5}{20} = \frac{9}{20}$

② $\frac{1}{10} + 0.7 = \frac{1}{10} + \frac{7}{10} = \frac{8}{10} = \frac{4}{5}$

③ $\frac{2}{25} + 0.12 = \frac{2}{25} + \frac{12}{100} = \frac{2}{25} + \frac{3}{25} = \frac{5}{25} = \frac{1}{5}$

② $2.1 \times \dfrac{1}{3} \div 0.7 = \dfrac{21}{10} \times \dfrac{1}{3} \div \dfrac{7}{10} = \dfrac{21}{10} \times \dfrac{1}{3} \times \dfrac{10}{7} = 1$

ルール

⑫ 小数のかけ算は小数点より 下のけた数の和をみる

| 36ページ

①
```
    2.4
  ×  3 5
  1 2 0
    7 2
  8 4.0
```
☞「0」は省略して「84」

②
```
      6 6
    × 4.3
    1 9 8
  2 6 4
  2 8 3.8
```

③
```
      7 7
    × 2.5
    3 8 5
  1 5 4
  1 9 2.5
```

④
```
      8.9
    × 2.4
    3 5 6
  1 7 8
  2 1.3 6
```

ルール

⑬ 小数でわる計算ではわる数を整数に変える

| 38ページ

❶ ア 10　　イ 31　　ウ 10　　エ 775　　オ 775　　カ 31

---

❷ ①
```
         4.2 ←商
  17 ) 7 1.4
       6 8
         3 4
         3 4
           0
```

②
```
        8.5 ←商
  4 ) 3 4.
      3 2
        2 0
        2 0
          0
```

---

❸ ①
$1.7 \overline{)7.64}$ ➡
```
        4 ←商
  17 ) 7.6.4
       6 8
       0.8 4 ←余り
```

②
$1.2 \overline{)9.36}$ ➡
```
        7 ←商
  12 ) 9.3.6
       8 4
       0.9 6 ←余り
```

177

ルール 14　単位の換算は機械的にかけるかわる　　41ページ

ア 1000　イ 1.25　ウ 1000　エ 1250　オ 1000
カ 125　キ 1000　ク 0.125

 ルール 15　複雑な換算は2段階・3段階で行う　　43ページ

1　① 1t = 1000kg だから、1000 倍して kg にします。
　　0.7 × 1000 = 700（kg）
　　次に 1kg = 1000g だから、1000 倍して g にします。
　　700 × 1000 = 700000（g）です。　　　　　　答　700000g

② 1000g = 1kg だから、1000 でわって kg にします。
　　345600 ÷ 1000 = 345.6（kg）です。
　　1000kg = 1t だから、1000 でわって t にします。
　　345.6 ÷ 1000 = 0.3456（t）です。　　　　　答　0.3456t

2　① 60 秒 = 1 分だから、60 でわって分にします。
　　2400 ÷ 60 = 40（分）
　　60 分 = 1 時間だから、60 でわって時間にします。
　　$40 ÷ 60 = \frac{40}{60} = \frac{2}{3}$（時間）です。　　答　$\frac{2}{3}$ 時間

② 1 時間 = 60 分だから、2 時間を 60 倍して分にします。
　　2 × 60 = 120（分）
　　そこで、2 時間 15 分 = 120 分 + 15 分 = 135 分
　　次に 1 分 = 60 秒だから、60 倍して秒にします。
　　135 × 60 = 8100（秒）です。　　　　　　　答　8100 秒

第2章　速さ・時間・道のりの応用問題が簡単にできる解き方のルール

16　速さ・時間・道のりは [道のり/速さ・時間] を使う　｜ 46ページ

かかる時間を x 分として下図に必要なことをかき込みます。

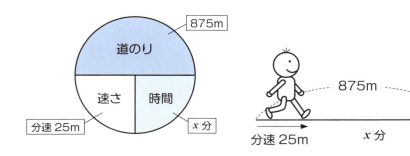

図より、時間（x）＝道のり÷速さ＝ 875 ÷ 25 ＝ 35

答　35分

17　速さの変換は、道のり→時間と2段階で行う　｜ 48ページ

時速 0.9km を分速〜 m に変えます。
まず道のりを変えます。
0.9km → 0.9 × 1000 ＝ 900（m）
時速 0.9km ＝時速 900m　1 時間＝ 60 分だから

時速 900m は 60 分で 900m 進むときの速さです。
速さ＝道のり÷時間＝ 900 ÷ 60 ＝ 15
時速 0.9km ＝分速 15m です。
本問は 1860m の道のりを分速 15m で進むと何分かかるでしょうか、という問題になります。
図より、時間＝道のり÷速さ＝ 1860 ÷ 15 ＝ 124

答　124分

179

ルール
18 追いつくまでの時間は速さの差に着目

50ページ

Bさんの速さを分速 x m とすると、速さの差は $(x-50)$ m です。1分間に $(x-50)$ m ずつ近づくとき、2400m 近づく（＝追いつく）時間は $2400 \div (x-50)$
これが30分だから

$2400 \div (x-50) = 30$
下の面積図から　$x - 50 = 2400 \div 30 = 80$
下の線分図より　$x = 80 + 50 = 130$

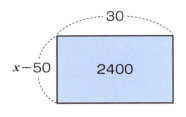
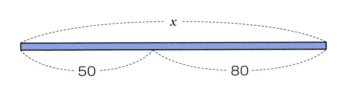

答　分速130m

ルール
19 出会うまでの時間は速さの和に着目

52ページ

山田さんの速さを分速 x m とすると、速さの和は $(x+200)$ m です。1分間に $(x+200)$ m ずつ近づくとき、1600m 近づく（＝出会う）時間は $1600 \div (x+200)$
これが5分だから、

$1600 \div (x+200) = 5$
下の面積図から　$x + 200 = 1600 \div 5 = 320$
下の線分図より　$x = 320 - 200 = 120$

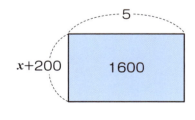
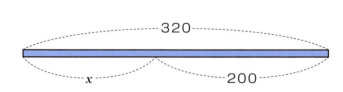

答　分速120m

このように「出会うまでの時間なら速さの和」ということさえ覚えておけば、あとは式を立てて面積図と線分図で簡単に解けます。

ルール 20 時計は1分間に長針6度、短針0.5度 | 54ページ

3時のとき長針と短針は 30 × 3 = 90（度）離れています。そこで、長針と短針が重なるまえに、30度になるのは 90 − 30 = 60（度）近づいたときです。

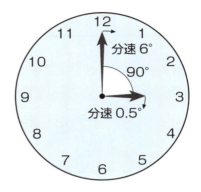

1分間に 6 − 0.5 = 5.5（度）ずつ近づくから 60度近づく時間は 60 ÷ 5.5 です。

この計算は $5.5 = 55 \div 10 = \frac{55}{10}$ と分数に直してやるほうが楽です。

$60 \div 5.5 = 60 \div \frac{55}{10} = 60 \times \frac{10}{55} = \frac{120}{11} = 10\frac{10}{11}$

答　3時 $10\frac{10}{11}$ 分

ルール 21 通過算は運転手で距離をつかむ | 56ページ

 出会った瞬間に着目して運転手 a, b をかき入れます。

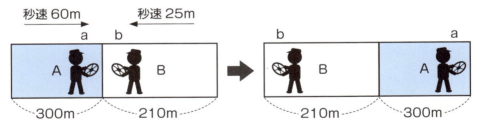

上図より a, b が同じところから出発して 300 + 210 = 510（m）離れることがわかります。
a と b は 1 秒間に 60 + 25 = 85（m）離れます。

速さ・時間・道のりの図にかき込みます。

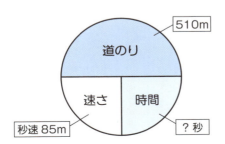

時間 = 510 ÷ 85 = 6

答　6秒

181

❷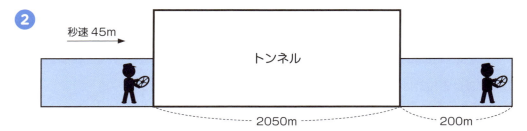

上図より、運転手は 2050 + 200 = 2250 (m) 進みます。
速さ・時間・道のりの図にかき込みます。

時間 = 2250 ÷ 45 = 50

答　50秒

❸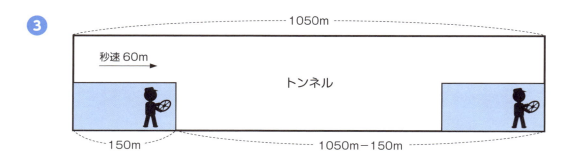

上図より、運転手は 1050 − 150 = 900 (m) 進みます。
速さ・時間・道のりの図にかき込みます。

時間 = 900 ÷ 60 = 15

答　15秒

流水算の上りの速さ＝船－川
下りの速さ＝船＋川

| 59ページ

船を静水（池）でこぐときの分速を x m とすると、
船（を静水でこぐ速さ）－川（の流れの速さ）＝$(x-17)$ m
が川をこいで上るときの分速です。
速さ・時間・道のりの図にかき込みます。

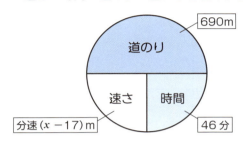
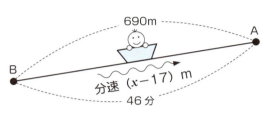

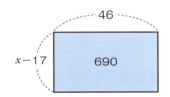

時間＝道のり÷速さ
　　　＝$690 ÷ (x-17) = 46$
面積図より
$x - 17 = 690 ÷ 46 = 15$
$x = 15 + 17 = 32$

答　分速32m

第3章　割合と比が得意分野になる解き方のルール

比べる量÷もとにする量＝割合
「～は」が比べる量

| 62ページ

「～は」にあたる部分が比べる量ですから、ここではBさんのカード60枚が比べる量、他方Aさんのカードがもとにする量です。割合＝比べる量÷もとにする量＝$60 ÷ 12 = 5$（倍）です。

答　5倍

比べる量ともとにする量は面積図で計算

| 65ページ

クラスの人数を x 人とすると、この文は「6人は x 人の $\frac{1}{6}$ です」という内容です。
「～は」にあたるのが比べる量ですから、比べる量は6人もとにする量は x 人、割合は $\frac{1}{6}$ です。

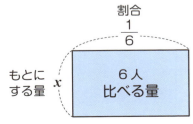

図より　$x = 6 ÷ \frac{1}{6} = 6 × \frac{6}{1} = 36$

答　36人

183

25 小数→％は×100　％→小数は÷100
67ページ

1 比べる量は 18 台　もとにする量は 60 台
割合＝比べる量÷もとにする量＝ 18 ÷ 60 ＝ 0.3
0.3 × 100 ＝ 30 (％)

答　30％

2 12％→　12 ÷ 100 ＝ 0.12
（　）を x とすると
x 人は 450 人の 0.12 という内容です。
「〜は」にあたるのが比べる量ですから、ここでは x 人が比べる量、もとにする量は 450 人、割合は 0.12 です。

比べる量÷もとにする量＝割合　にもとづいて面積図は下図のようになります。

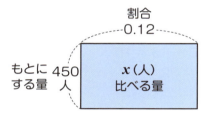

図より　x ＝ 450 × 0.12 ＝ 54

答　54

26 食塩水の濃度は子ども（塩）と大人（水）のグループで考える
70ページ

この問題は
「子どもはグループの 20％で子どもは 50 人です。
グループは何人？　大人は何人？」と置きかえられます。
この対応を考えながら解きます。

食塩水を x g とすると、食塩は x g の 20％（＝ 0.2）

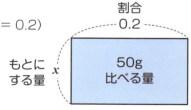

図より　x ＝ 50 ÷ 0.2 ＝ 250
　　　　食塩水＝食塩＋水で　食塩水＝ 250g　食塩＝ 50g
　　　　水は 250 － 50 ＝ 200

答　食塩水 250g　水 200g

27 かけるとわるで比を簡単にする　　73ページ

1 36 : 48 = (36 ÷ 12) : (48 ÷ 12) = 3 : 4

2 ×10　÷7
0.7 : 2.1 = 7 : 21 = 1 : 3

3 $\frac{5}{8} : \frac{3}{5} = \frac{25}{40} : \frac{24}{40} = \left(\frac{25}{40} \times 40\right) : \left(\frac{24}{40} \times 40\right)$
　　　　　　　= 25 : 24

28 A:B の比の値は $\frac{A}{B}$　　76ページ

1 ① $\frac{8}{12} = \frac{2}{3}$　　② ×10　÷3　0.3 : 0.9 = 3 : 9 = 1 : 3　より $\frac{1}{3}$

2 ① 25 : 20 = 5 : 4　　② 25 : 45 = 5 : 9
　　③ 女子：クラス = 20 : 45 = 4 : 9　の比の値だから $\frac{4}{9}$

29 比の式は内項の積＝外項の積で解く　　78ページ

1 ②: ⑤ = x : ⑯⓪　内項の積＝外項の積だから
⑤ × x = ② × ⑯⓪ ⇨ 5×x=320 ⇨ x=320÷5=64

2 子どもの人数を x とすると
13 : 25 = 39 : x　　内項の積＝外項の積　だから
㉕ × ㊴ = ⑬ × x ⇨ 975=13×x
　　　　　　　　x=975÷13=75

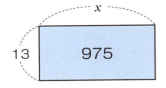

答　75人

比例配分は線分図で考える　　80ページ

1 線分図をかきます。

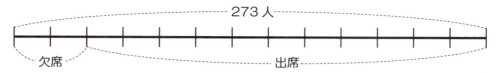

図より、出席者は生徒数の $\frac{11}{13}$ だから、$273 \times \frac{11}{13} = 231$

答　231人

2 線分図をかきます。

図より、高校生は3人のおこづかいの $\frac{4}{9}$ だから

$4500 \times \frac{4}{9} = 2000$

答　2000円

第4章　文章題がツボにはまってスラスラわかる解き方のルール

和差算は2本線分図をかく　　84ページ

1 昼と夜の和が24時間で、昼が夜より3時間長いです。

これは和差算なので①のように2本、線分図をかきます。ここでは夜の長さ（小）を求めてみましょう。
②のように大（昼）から3時間（点線）ひけば和が 24 − 3 = 21（時間）になります。
これが小（夜）の2倍だから
小 = 21 ÷ 2 = 10.5

答　夜10.5時間

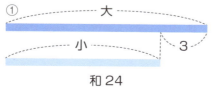 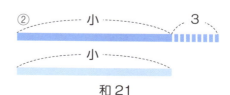

2 分母と分子の和が 55、分母と分子の差は 15 です。
真分数だから、分母が大、分子が小ということになります。

これは和差算なので ① のように 2 本、線分図をかきます。ここでは分母（大）を求めてみましょう。
② のように分子（小）に 15 をたせば、和が 55 + 15 = 70 になりますが、これが分母（大）の 2 倍だから
分母＝ 70 ÷ 2 = 35　　分子＝ 35 − 15 = 20

$\dfrac{分子}{分母} = \dfrac{20}{35} = \dfrac{4}{7}$

答　$\dfrac{4}{7}$

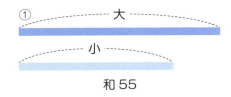

ルール 32　集合算はベン図をかく　　86ページ

1 ベン図をかきます。

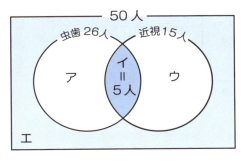

わかるところから手をつけます。
虫歯だけの人　ア＋ 5 = 26　ア＝ 26 − 5 = 21
近視だけの人　ウ＋ 5 = 15　ウ＝ 15 − 5 = 10

ア＋イ＋ウ＝ 21 + 5 + 10 = 36
エ＝ 50 − 36 = 14

答　14 人

2 ベン図をかきます。

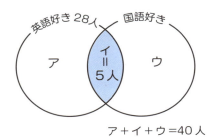

わかるところから手をつけます。
ア＋ 5 = 28　　ア＝ 28 − 5 = 23
ア＋ 5 ＋ウ＝ 23 + 5 ＋ウ＝ 40
　　　　　　　　　ウ＝ 40 − 28 = 12
国語が好きな人　ウ＋イ＝ 12 + 5 = 17

答　17 人

187

ルール
33 ニュートン算は出る量ー入る量＝へる量　｜88ページ

240人の行列が20分でなくなりましたから
1分あたりのへる量＝出る量ー入る量は
240 ÷ 20 = 12　です。

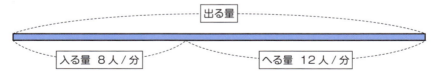

線分図より、出る量＝ 8 + 12 = 20

窓口を2つにすると、出る量＝ 20 × 2 = 40
入る量は8だから、へる量＝出る量ー入る量＝ 40 − 8 = 32
行列がなくなる時間は、240 ÷ 32 = 7.5

答　7.5分

ルール
34 つるかめ算は面積図を横に並べる　｜91ページ

アメを□個、ガムを△個として図1をかきます。

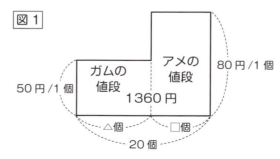

ここでは、図2の形に整理して解いてみます。

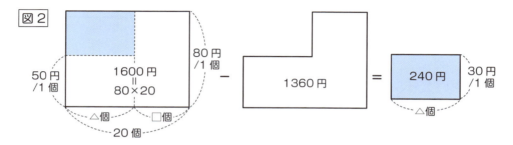

図より　△＝ 240 ÷ 30 = 8
　　　　□＝ 20 − 8 = 12

答　アメ12個　ガム8個

188

ルール
35 差集算・過不足算は面積図を縦に並べる

94ページ

1 差（ここでは値段の差）があるえんぴつとボールペンが同じ数あるので差集め算です。
まず図1をかきます。

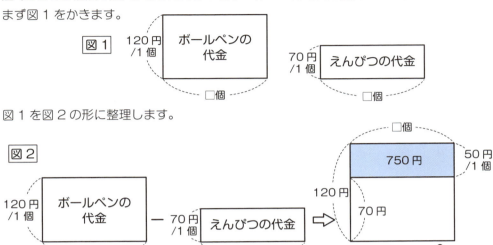

図2より
□ = 750 ÷ 50 = 15

答　えんぴつ15本　ボールペン15本

2 人数を□人として、まず図1をかきます。

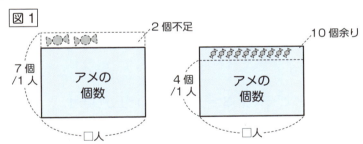

図1を図2の形に整理します。

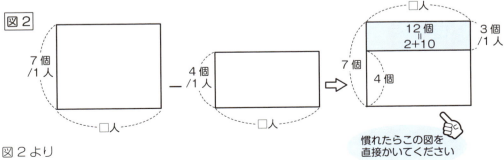

図2より
□ = 12 ÷ 3 = 4　4人に4個ずつで10個余るから
アメは　4 × 4 + 10 = 26

答　子どもは4人　アメは26個

189

ルール
36 仕事算では全体の仕事量を1とする

| 98ページ

1 全体の仕事量を1とします。

Aは24日だからAの1日の仕事量は $\frac{1}{24}$ です。

Bは8日だからBの1日の仕事量は $\frac{1}{8}$ です。

Cは12日だからCの1日の仕事量は $\frac{1}{12}$ です。

A＋B＋Cの1日の仕事量は

$$\frac{1}{24} + \frac{1}{8} + \frac{1}{12} = \frac{1}{24} + \frac{3}{24} + \frac{2}{24} = \frac{6}{24} = \frac{1}{4}$$

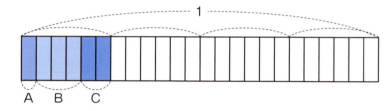

A＋B＋Cで x 日かかるとすると

$$\frac{1}{4} \times x = 1 \quad x = 1 \div \frac{1}{4} = 1 \times \frac{4}{1} = 4$$

答 4日

2 全体の仕事量を1とします。

4人で3時間だから、1人で仕上げるには12時間かかります。つまり1人が1時間にする仕事は $\frac{1}{12}$ です。

3人で1時間働くと $\frac{1}{12} \times 3 = \frac{3}{12} = \frac{1}{4}$ 仕上がります。

残りは $1 - \frac{1}{4} = \frac{4}{4} - \frac{1}{4} = \frac{3}{4}$ です。

これを1人（1時間に $\frac{1}{12}$）で仕上げるのに x 時間かかるとすると

$$\frac{1}{12} \times x = \frac{3}{4} \quad x = \frac{3}{4} \div \frac{1}{12} = \frac{3}{4} \times \frac{12}{1} = 9$$

答 9時間

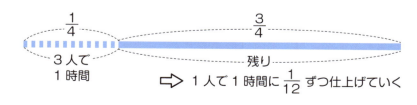

ルール
37 最頻値（モード）はいちばん多いところ 中央値（メジアン）はまん中
| 101ページ

塾に通っている子どもの数を x 人とすると、
合計＝平均×個数なので
$56 = 3.5 \times x$
$x = 56 \div 3.5 = 16$（人）
人数が偶数で中央値が3.5回ということは、小さい方から並べたときの8番目の回数「3」と9番目の回数「4」の平均が3.5だということです。
そこで
$2 + ア + 5 = 8$
ア＝1
$4 + イ + 1 = 8$
イ＝3
となります。

答　ア＝1、イ＝3

ルール
38 消去算は一方をそろえる
| 104ページ

大人を 大 、子どもを 小 とします。

大 大 大 大 大　　＋　小 小　　＝ 1800……………①
大 大 大 大 大 大　＋　小 小 小 小 ＝ 2400……………②

①を2セット考えます。
大 大 大 大 大 大 大 大 大　＋　小 小 小 小
　＝ 3600……………………………………………③
大 大 大 大 大 大　　　　　＋　小 小 小 小
　＝ 2400……………………………………………②

③と②を見比べることで
大 大 大 大 ＝ 3600 − 2400 = 1200
大 ＝ 1200 ÷ 4 = 300

答　300円

第5章　平面図形がよくわかる解き方のルール

ルール
39　三角形の内角の和は180°
108ページ

① 75 + 40 + x = 180
　　115 + x = 180

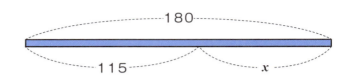

図より　x = 180 − 115 = 65

答　65°

② 40 + x × 2 = 180

図より　x × 2 = 180 − 40 = 140

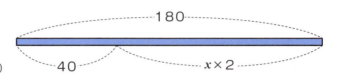

面積図より　x = 140 ÷ 2 = 70

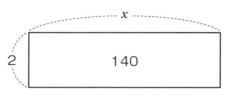

答　70°

ルール
40　三角形の外角は隣にない2内角の和
110ページ

①

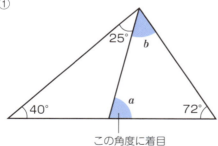

この角度に着目
外角＝隣にない2内角の和より
a = 40 + 25 = 65

三角形の内角の和は180°だから
a + b + 72 = 180
b = 180 − 72 − a
　= 180 − 72 − 65 = 43

答　a = 65°、b = 43°

②

この角度に着目
外角＝隣にない2内角の和より
26 + 50 = 76

同様に
x = 17 + 76 = 93

答　93°

ルール

41 N角形の内角の和は 180°×(N−2) | 112ページ

1 N角形とすると、内角の和は
180°×(N−2)　これが1080°だから
180×(N−2) = 1080
面積図より
N−2 = 1080÷180 = 6
N = 6+2 = 8

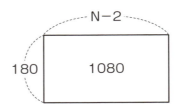

答　8角形

2 7角形の内角の和は　180×(7−2) = 900　そこで、
100+98+156+167+160+159+x = 900
840+x = 900　　x = 900−840 = 60

答　60°

3 ① 正6角形の内角の和は　180×(6−2) = 720
そこで1つの内角は　720÷6 = 120

答　120°

② 正8角形の内角の和は　180×(8−2) = 1080
そこで1つの内角は　1080÷8 = 135

答　135°

 ルール

42 外角の和は 360° | 114ページ

正8角形の外角の和は 360°
1つの外角だから、360÷8 = 45

答　45°

 ルール

43 長方形の面積=縦×横　平行四辺形の面積=底辺×高さ
台形の面積=(上底+下底)×高さ÷2 | 116ページ

① 平行四辺形の面積=底辺×高さ= 10×x = 64
　　　　　　　　　　x = 64÷10 = 6.4

答　6.4cm

② 台形の面積 = (上底+下底)×高さ÷2
　　　　　　 = (x+12)×4÷2
　　　　　　 = (x+12)×4×$\frac{1}{2}$
　　　　　　 = (x+12)×2 = 30
　　　　　　x+12 = 30÷2 = 15
　　　　　　x = 15−12 = 3

答　3cm

ルール 44　三角形の面積＝底辺×高さ÷2　　118ページ

1　三角形の面積＝底辺×高さ÷2
　　　　　　　　　＝4.8×6÷2＝14.4

答　14.4cm²

2　① 三角形の面積＝底辺×高さ÷2＝8×x÷2
　　　　　　　　　　　　＝8×x×$\frac{1}{2}$＝4×x
　　これが16だから　4×x＝16　x＝16÷4＝4

答　4cm

　② 三角形の面積＝底辺×高さ÷2＝x×10÷2
　　　　　　　　　　　＝x×10×$\frac{1}{2}$＝x×5
　　これが35だから　x×5＝35　x＝35÷5＝7

答　7cm

 **ルール 45　円の面積＝半径×半径×円周率
　　　　　　円周＝直径×円周率　　円周率＝3.14**　　120ページ

① 半径を x cm とすると
　円の面積＝半径×半径×円周率＝x×x×3.14
　これが12.56だから
　x×x×3.14＝12.56
　x×x＝12.56÷3.14＝4　x＝2

答　2cm

② 円周＝直径×円周率
　　　　＝半径×2×3.14＝x×2×3.14
　　　　＝x×6.28
　これが18.84だから
　x×6.28＝18.84　x＝18.84÷6.28＝3

答　3cm

 **ルール 46　おうぎ形の面積＝円の面積×$\frac{中心角}{360°}$
　　　　　　弧の長さ＝円周の長さ×$\frac{中心角}{360°}$**　　122ページ

① おうぎ形の面積＝円の面積×$\frac{60}{360}$＝
　6×6×3.14×$\frac{1}{6}$＝18.84
　弧の長さ＝円周×$\frac{60}{360}$＝$\underline{6×2}$×3.14×$\frac{1}{6}$＝6.28
　　　　　　　　　　　　　↑直径

答　面積18.84cm²　弧の長さ6.28cm

② 弧の長さ＝円周×$\frac{120}{360}$ = x × 2 × 3.14 × $\frac{1}{3}$ = x × $\frac{6.28}{3}$
　　　　　　　　　　　　↑直径

これが 18.84 だから、x × $\frac{6.28}{3}$ = 18.84

x = 18.84 ÷ $\frac{6.28}{3}$ = 18.84 × $\frac{3}{6.28}$ = 9　　　　　　　　答　9cm

47　複雑な面積はいくつかに分けるか、全体から一部をひく　　124ページ

① 4 × 4 + 4 × 4 × 3.14 × $\frac{90}{360}$ = 16 + 12.56 = 28.56　　　答　28.56cm²

② 6 × 6 × 3.14 × $\frac{90}{360}$ − 6 × 6 ÷ 2 = 28.26 − 18 = 10.26

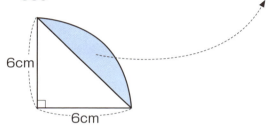

この2倍だから、10.26 × 2 = 20.52　　　　　　　　　　　答　20.52cm²

48　三角形の合同条件は
　　① 3辺がそれぞれ等しい
　　② 2辺とその間の角がそれぞれ等しい
　　③ 1辺とその両端の角がそれぞれ等しい　　126ページ

① 合同な三角形はアと（エ）合同条件は（2組の辺とその間の角がそれぞれ等しい）

② ウと（カ）合同条件は（1組の辺とその両端の角がそれぞれ等しい）

③ イと（オ）合同条件は（3組の辺がそれぞれ等しい）

49　拡大図と縮図の性質
　　① 対応する角の大きさはそれぞれ等しい
　　② 対応する辺の長さの比はすべて等しい
　　③ 相似比a：b ⇔ 面積比a×a：b×b　　128ページ

 ① 対応する角の大きさは等しいので角オ　　　　　　　　答　角オ

② 対応する辺の比は等しいから

辺アイ：辺エオ＝辺アウ：辺エカ

そこで辺アイの長さを x cm とすると

x : 2.4 = 9 : 3.6　　内項の積＝外項の積だから

2.4 × 9 = x × 3.6

21.6 = x × 3.6

x = 21.6 ÷ 3.6 = 6　　　　　　　　　　　　　　　　答　6cm

195

2 ① 三角形アイウと三角形エオカの相似比をa：bとします。
　　相似比a：b ⇔ 面積比a×a：b×bだから
　　a×a：b×b＝4：9＝2×2：3×3より
　　　　　a：b＝2：3

答　2：3

② そこで辺エオの長さを x cm とすると
　　辺アイ：辺エオ＝4.2：x ＝2：3
　　内項の積＝外項の積だから
　　x ×2＝4.2×3
　　x ×2＝12.6
　　　x ＝12.6÷2＝6.3

答　6.3cm

ルール
50 三角形の高さが共通なら面積比は底辺の比　　131ページ

1 高さが共通の三角形の面積比は底辺の長さの比です。
そこで三角形アイエ：三角形アエウ＝6：5

三角形アエウを x cm² とすると
三角形アイエ：三角形アエウ＝30：x ＝6：5
内項の積＝外項の積だから
x ×6＝30×5＝150
x ＝150÷6＝25

答　25cm²

2 高さが共通の三角形の面積比は、底辺の長さの比です。
そこで三角形アイエ：三角形アエウ＝3：2

三角形アイウの面積（80cm²）を3：2に比例配分する問題なので、線分図をかきます。

図より　三角形アイエ＝80× $\frac{3}{5}$ ＝48

答　48cm²

N角形の対角線の数は (N－3)×N÷2 | 133ページ

1 9角形の対角線の数は
(N－3)×N÷2のNに9を代入して
(9－3)×9÷2 = 27

答　27本

12角形の対角線の数は
(N－3)×N÷2のNに12を代入して
(12－3)×12÷2 = 54

答　54本

2 N角形の対角線の数は
(N－3)×N÷2　これが14本だから
(N－3)×N÷2 = 14

実はこれは、中学の領域である2次方程式の問題です。
Nは3以上の整数ですから
N＝3，4，5………と代入してみます。できるのではないか、
できる問題しかでないだろう、そんな気持ちで
やってみると、N＝7が見つかります。

最後に検算をして　(7－3)×7÷2 = 14

答　7角形

第6章　立体図形に強くなる解き方のルール

 角柱・円柱の体積＝底面積×高さ | 136ページ

1 ① 底面積＝7×4÷2 = 14　高さ＝8
　　体積＝底面積×高さ＝14×8 = 112

答　112cm³

② 底面積＝(上底＋下底)×高さ÷2
　　　　＝(3＋9)×5÷2 = 30
　　体積＝底面積×高さ＝30×7 = 210

答　210cm³

197

2 高さを x cm とすると
円柱の体積＝底面積×高さ
  ＝（3×3×3.14）× x
  ＝ 28.26 × x
これが、339.12 だから
28.26 × x = 339.12
x = 339.12 ÷ 28.26 = 12

答　12cm

ルール
53 角柱・円柱の表面積＝底面積×2＋側面積 　138ページ

展開図をかきます。

底面積＝6×6×3.14 = 113.04
側面の横＝円周
  ＝6×2×3.14 = 37.68
側面積＝縦×横
  ＝8×37.68 = 301.44
表面積＝底面積×2＋側面積
  ＝113.04×2＋301.44
  ＝527.52

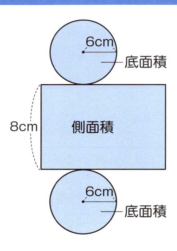

答　527.52cm²

ルール
54 角すい・円すいの体積＝底面積×高さ× $\dfrac{1}{3}$ 　140ページ

1 円すいの体積＝底面積×高さ× $\dfrac{1}{3}$
  ＝（5×5×3.14）×6× $\dfrac{1}{3}$
  ＝78.5×6× $\dfrac{1}{3}$ = 157

答　157cm³

2 高さを x cm とします。
円すいの体積＝底面積×高さ× $\dfrac{1}{3}$
  ＝（3×3×3.14）× x × $\dfrac{1}{3}$
  ＝28.26 × x × $\dfrac{1}{3}$ ＝ 9.42 × x
これが、141.3 だから
9.42 × x = 141.3
  x = 141.3 ÷ 9.42 = 15

答　15cm

55 角すい・円すいの表面積＝底面積＋側面積　｜142ページ

底面積＝ 4 × 4 × 3.14 ＝ 50.24
側面積は半径 8cm のおうぎ形で中心角 180°だから

$8 × 8 × 3.14 × \dfrac{180}{360} = 8 × 8 × 3.14 × \dfrac{1}{2} = 100.48$

円すいの表面積＝底面積＋側面積
　　　　　　　＝ 50.24 ＋ 100.48
　　　　　　　＝ 150.72

答　150.72cm²

56 円すいの応用問題は側面の弧＝底面の円周で解く　｜144ページ

展開図をかきます。
底面の円の半径を x cm とします。

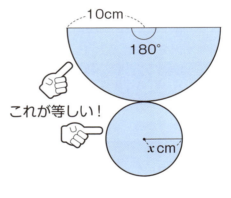

おうぎ形の弧
$= 10 × 2 × 3.14 × \dfrac{180}{360} = 31.4$

底面の円周
$= x × 2 × 3.14 = x × 6.28$
おうぎ形の弧＝底面の円周だから
$31.4 = x × 6.28$
$x = 31.4 ÷ 6.28 = 5$

答　5cm

57 複雑な立体の体積はいくつかに分けるか、全体から一部をひく　｜147ページ

① 上の円柱の体積＝底面積×高さ＝(3 × 3 × 3.14) × 4
　　　　　　　　　　　　　　　＝ 113.04
　下の円柱の体積＝底面積×高さ＝(6 × 6 × 3.14) × 5
　　　　　　　　　　　　　　　＝ 565.2
　求める体積＝ 113.04 ＋ 565.2 ＝ 678.24

答　678.24cm³

② (10 × 10 × 3.14) × 20 − (2 × 2 × 3.14) × 20
　＝ 6280 − 251.2 ＝ 6028.8

答　6028.8cm³

第7章　ともなって変わる量がいとも簡単にできてしまう解き方のルール

xとyが比例するとき$y=a\times x$ | 152ページ

くぎの本数をx本、これに対応する重さをy gとします。
xとyは比例するから　y＝a×xです。

$x=50$のとき、$y=480$　これを$y=a\times x$に代入します。
（480はy、50はxに対応）
$480=a\times 50 \Rightarrow a=480\div 50=9.6$
よって　$y=9.6\times x$

28.8kgをg単位に換算します。
$28.8\times 1000=28800$ (g)
$y=9.6\times x$のyに28800を代入します。
$28800=9.6\times x$
$x=28800\div 9.6=3000$

答　3000本

xとyが反比例するとき$y=a\div x$ | 154ページ

①**xとyは反比例するから　y＝a÷xとします。**

$x=3$のとき、$y=24$　これを、$y=a\div x$に代入します。
（24はy、3はxに対応）
$24=a\div 3 \Rightarrow a=24\times 3=72$
よって　$y=72\div x$

答　y＝72÷x

② $y=72\div x$のxに8を代入します。
$y=72\div 8=9$

答　9日

③ $y=72\div x$のyに12を代入します。
$12=72\div x$　$x=72\div 12=6$

答　6人

60 グラフは点でかく、点で読む　　156ページ

① x と y は反比例するから　$y = a \div x$ とします。

$x = 12$ のとき、$y = 12$ これを、$y = a \div x$ に代入します。
$12 = a \div 12 \Rightarrow a = 12 \times 12 = 144$
よって　$y = 144 \div x$

答　$y = 144 \div x$

② $y = 144 \div x$ の y に 4 を代入します。
$4 = 144 \div x$　$x = 144 \div 4 = 36$

答　36cm

61 歯車では歯数×回転数が等しい　　158ページ

歯数×回転数（＝かみ合う歯の数）が等しくなります。
Bの回転数を x 回とすると
$64 \times 8 = 8 \times x$　$512 = 8 \times x$
$x = 512 \div 8 = 64$

Aが8回転するときBは64回転します。
Bが64回転するときCが y 回転とすれば
$8 \times 64 = 16 \times y$　$512 = 16 \times y$
$y = 512 \div 16 = 32$

答　32回転

※かみ合う歯の数は ABC 同じ（512）ですから B を無視して
　A と C で考えてもできます。

第8章　場合の数を迷わず正確に求める解き方のルール

ルール 62　並べ方は樹形図をかいて考える　　162ページ

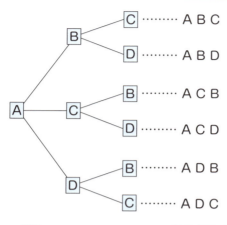

先頭が A の場合 6 通り、先頭が B C D の場合も同様だから
全部で 6 × 4 = 24

答　24 通り

② 先頭が A の場合、枝分かれする図をかくことで
4 × 3 × 2 × 1 = 24
先頭が B，C，D，E の場合も同様だから
全部で 24 × 5 = 120

答　120 通り

ルール 63　たくさん選ぶ場合は選ばれないほうを考えてみる　　165ページ

そのまま数えると大変なので、
7 人から 5 人選ぶ＝ 7 人から 2 人を選ばない方法を使います。
選ばない 2 人の組み合わせを数えます。
a から順番にダブリがないように数えます。

(a，b)(a，c)(a，d)(a，e)(a，f)(a，g)
(b，c)(b，d)(b，e)(b，f)(b，g)
(c，d)(c，e)(c，f)(c，g)
(d，e)(d，f)(d，g)(e，f)(e，g)(f，g)
以上 21 通りです。

答　21 通り

ルール 64　Nチームの総あたり戦の試合数はN×(N－1)÷2　　167ページ

Nチームのリーグ戦の試合数は N×(N－1)÷2 です。
これが36だから
N×(N－1)÷2＝36
Nは2以上の整数だから、N＝2，3，4……と
代入していくことにより　N＝9

答　9チーム

 ルール 65　Nチームの勝ち抜き戦の試合数はN－1　　169ページ

敗退するチーム数を求めます。
Nチームの場合 (N－1) チームです。
これが55だから、N－1＝55
N＝55＋1＝56

答　56チーム

［著者］

間地秀三（まじ・しゅうぞう）

1950 年生まれ。九州芸術工科大学（現九州大学）卒。

長年にわたり小学・中学・高校生に数学の個人指導を行う。その経験から生み出された、短時間でかんたんにわかる数学・算数のマスター法を数学書として発表、好評を博する。

主な著書『中学 3 年分の数学が 14 時間でマスターできる本』『中学 3 年分の数学が基礎からわかる本』『小学 6 年分の算数が面白いほど解ける 65 のルール』(明日香出版社)『小学校 6 年間の算数が 6 時間でわかる本』『小中学校の算数・数学が 9 時間でわかる本』（PHP 研究所）他多数。

〈改訂増補〉　小学校 6 年間の算数が面白いほど解ける 65 のルール

2021 年　9 月　28 日　初版発行		
2022 年　3 月　1 日　第 8 刷発行		

著　　　者　　間地秀三
発　行　者　　石野栄一
発　行　所　　明日香出版社
　　　　　　　〒112-0005　東京都文京区水道 2-11-5
　　　　　　　電話　03-5395-7650（代表）
　　　　　　　https://www.asuka-g.co.jp

印刷・製本　　株式会社フクイン

©Shuzo Maji 2021 Printed in Japan　ISBN 978-4-7569-2173-4

落丁・乱丁本はお取り替えいたします。
本書の内容に関するお問い合わせは弊社ホームページからお願いいたします。

＜改訂増補＞
たったの10問でみるみる解ける中学数学

西口　正

大人気シリーズを新学習指導要領にあわせてリニューアル！
「苦手な数学を克服したい」「いつもうっかりミスをしてしまう」
「テストでもっといい点を取りたい」
本書はこのように数学で悩んでいる人にぴったりの1冊です。
厳選10問をくり返すことで、中学数学の基礎力がしっかり身につきます。

本体1200円+税
B5並製　136ページ
ISBN978-4-7569-2157-4　2021/07 発行

小学6年分の算数が
3ステップで面白いほど身につく本

間地　秀三

「苦手な算数を克服したい」「算数の基本をイチから学びたい」、
そんな人に向けて作った、小学生の算数本です。
「解ける！」楽しみを味わってもらうため、とことんやさしく作ります。
「図解でなっとく」「穴埋めでなれる」「練習でしあげる」の3ステップで、
算数ができるようになります。

本体1200円+税
B5 並製　128ページ
ISBN978-4-7569-2005-8　2018/12 発行

小学6年分の算数が一瞬でわかる塾テク200

粟根　秀史

進学塾サピックスの校舎責任者、小学校の教頭を務めたこともある
算数指導歴30年以上の塾講師が、
「算数の解き方」をひと目でわかるように1ページで解説します！
網羅的におさらいができ、
お子さんにも正しい考え方と解き方をしっかりと教えることができます。
一番簡単な算数を解く「手法・発想」を選ぶ力をつけましょう。
先生に質問できる質問券付き！

本体1300円+税
B6並製　232ページ
ISBN978-4-7569-1848-2　2016/07発行